中国区域环境保护丛书
军 事 环 境 保 护 丛 书

军事环境科学研究

"军事环境保护丛书"编委会　编著

中国环境出版集团・北京

图书在版编目（CIP）数据

军事环境科学研究/“军事环境保护丛书”编委会编著.
—北京：中国环境出版集团，2021.10
（军事环境保护丛书）
ISBN 978-7-5111-3942-9

Ⅰ. ①军… Ⅱ. ①军… Ⅲ. ①军事—环境科学—
研究 Ⅳ. ①X

中国版本图书馆 CIP 数据核字（2019）第 137765 号

出 版 人 武德凯
责任编辑 周 煜
责任校对 任 丽
封面设计 彭 杉

出版发行 中国环境出版集团
（100062 北京市东城区广渠门内大街 16 号）
网 址：http://www.cesp.com.cn
电子邮箱：bjgl@cesp.com.cn
联系电话：010-67112765（编辑管理部）
010-67175507（第六分社）
发行热线：010-67125803，010-67113405（传真）
印 刷 北京中科印刷有限公司
经 销 各地新华书店
版 次 2021 年 10 月第 1 版
印 次 2021 年 10 月第 1 次印刷
开 本 787×960 1/16
印 张 13.25
字 数 198 千字
定 价 58.00 元

军事环境保护丛书

《军事环境科学研究》

主　　编　陈　勇　谢朝新

副 主 编　冯孝杰　翟光明

编写人员　艾毅宁　查忠勇　陈　逸　熊开生　谯　华

张　楠　龙向宇　薛　明　秦　冰　袁　馨

刘婧婷　曾晨浩　段中山　周宁玉　耿志强

彭小红　敖　漉　张洪宇　肖　晓　吕　楠

序言

人类的文明史，就是一部人与自然的关系史。无论是尼罗河畔的古埃及，还是两河流域的古巴比伦；无论是源自恒河的古印度，还是以黄河为摇篮的中华文明，都充分证明了人类文明的兴衰与自然环境密不可分。早在2 000多年前，中国古代先贤老子就提出“人法地，地法天，天法道，道法自然”，孔子曾说过“子钓而不纲，弋不射宿”，庄子也认为“天地与我并生，而万物与我为一”。这些思想闪耀着超越时代的智慧之光，深刻揭示了人类顺应自然、效法自然的生存法则，向世人昭示：只有与自然和谐相处，才能保证世间万物的可持续发展。

进入20世纪，随着全球人口的增长、工业化和城镇化进程的加快，自然资源消耗快速增长，环境污染日趋严重，生态系统越来越脆弱，人类赖以生存和发展的环境面临严峻挑战，保护环境、坚持可持续发展已成为人类的共识。改革开放以来，我国经济高速发展，现代化建设取得了举世瞩目的成就，但与此同时，能源枯竭、生态失衡、自然灾害频发等环境问题越来越严重，不仅阻碍了可持续发展，而且已经危及国家安全。解决这一问题，已成为摆在我们面前的重大现实课题。

党的十八大将生态文明建设提升到国家发展战略的高度，提出了“全面落实经济建设、政治建设、文化建设、社会建设、生态文明建设五位一体总体布局”。习近平总书记强调：“走向生态文明新时代，建设美丽中国，是实现中华民族伟大复兴的中国梦的重要内容。”军队环境保护和生态建设是社会主义生态文明建设的重要组成部分，响应党中央的号召，落实习近平总书记的指示精神，扎实搞好环境保护、生态建设，就是听党指挥，我们责无旁贷！我们要站在国家发展战略和实现强军目标的高度，发扬我军优良传统，以保护环境就是服务人民、保护环境就是保护战斗力的姿态，不辱使命，展现我军英雄之师、文明之师新形象，推动军事环境保护工作深入发展。

为更好地帮助全军官兵充分认清军队环境保护和生态建设的基本现状、发展趋势及使命任务，激励官兵积极投身建设美丽军营实践，中国人民解放军环境保护绿化委员会办公室组织编纂了“军事环境保护丛书”。这套丛书是“中国区域环境保护丛书”的重要组成部分，包括《军事环境科学研究》《军事环境保护管理》《军事环境污染防治》《军事生态环境保护》四个分册。丛书从不同侧面展示了我军在环境与生态保护研究、污染防治、区域生态恢复、生态营区建设管理、环境保护法制机制建立、监管体制完善、支援地方生态建设等方面取得的丰硕成果，突出反映了改革开放以来军队环境保护和生态建设工作的发展历程和重大举措，系统总结了军队在环境保护和生态建设实践中积累的宝贵经验，具有很强的知识性和科普性。

掩卷长思，任重道远。衷心祝愿军队环境保护和生态建设工作者在新的历史起点再立新功，为建设美丽中国、实现强军梦做出更大贡献！

“军事环境保护丛书”编委会

2016 年 10 月 28 日

目录

第一章 绪 论

军事环境科学研究是军队探索污染防治和生态保护技术、改善军事区域环境质量的活动。它既是军队防治环境污染、保护和改善环境质量的重要支撑，也是军队环境保护工作的重要组成部分，处于基础性、先导性的地位，对提高军队环境保护管理水平和工作效能等具有不可替代的作用。

军事环境科学研究工作起步于20世纪70年代，始于军队的核生化防护研究，重点开展了核及放射性污染防治、有毒有害化学污染防治、核生化装备试验对环境和人体健康的影响、特种污染物的监测分析方法等核生化防护理论与技术研究，有力地促进了国家环保科研的发展；先后开展了军队企业“三废”治理、医院污水处理、油库含油污水处理、锅炉消烟除尘和导弹推进剂废水治理等应用技术研究；逐步形成了军队相关科研设计单位、高等院校、环境监测机构和基层部队等组成的军事环境科研力量，致力于军事环境保护理论的研究，开发废物资源化技术，高效、适用、经济的单项污染治理技术，区域性污染综合防治技术和生态保护技术，环境监测技术，软科学和系统科学技术等。进入21世纪后，随着环境污染的加重、污染类型的增多、环境质量要求的提高和相关学科新技术的发展，军事环境科研机构逐步发展壮大，军事环境科学研究领域逐步拓宽，涉及与战场环境科学相关的技术研究、军事特种污染的监测和防治研究、军民兼容的环保技术研发等。本书在解决重大军事环境问题、建立军事环境管理制度、制定技术法规和标准、开发特种污染防治技术、制定生态保护对策和措施、促进军队建设可持续发展等方面发挥了理论引领和技术支撑作用。

第一节 军事环境科学研究的任务与作用

一、军事环境科学研究的任务

军事环保科研工作应当以科学发展观为指导，以建设生态文明、构建和谐军营为宗旨，紧密围绕制约当前及今后一段时间军队建设发展的重大环境问题，满足军事环境保护的需要，坚持自主创新、支撑发展、重点跨越、引领未来的科技发展方针，全面落实科技兴环保战略，引领军事环境保护科技发展方向，为探索军事环境保护新道路、保障军事环境安全和改善生态环境提供强大的科技支撑，为开创军队环境保护和生态建设工作新局面发挥重要作用。

1．加强基础理论研究，创新军事环保理论体系

针对军事环境保护领域出现的新问题，大力开展军事环境管理、军事环境战略、军事生态环境安全、军事环境监测、生态营区建设、军民融合发展等领域的基础理论研究，探索环境因素对军队战斗力和自然资源的影响规律，开展军队特色的环境科学理论和军事环境保护对策研究，摸清军事活动、军事设施和军事装备对环境的影响规律，不断完善和创新军事环境保护理论体系。

2．加强法规制度研究，健全军事环保管理体制

以健全环境管理机制为重点，大力开展军事环境保护政策研究，环境保护、绿化和环境影响评价条例研究，核与辐射环境安全管理法规研究，环境污染应急处置规范研究，加强军事环境保护标准、环境影响评价技术导则、生态营区建设技术导则等的规范和研究，不断完善和优化军事环境保护法规制度和标准体系。

3．加强关键技术攻关，提高军事环保科技创新能力

以研发出一批具有核心竞争力的环境污染控制与生态保护技术为目标，大力开展军事区域水污染控制、大气污染控制、声环境污染控制、固体废物处理处置、土壤污染防治与修复、核与辐射污染治理等技术攻关，开展快速、准确的监测方法研究，不断推出适合军队特殊需要的、无害或少害的新工艺和新原料，加强重大环境污染与生态破坏事件应急

处置技术与装备研发。开展军队环境管理信息技术研究，逐步实现军队从污染调查登记与监测到环境预测、规划、标准等的自动化、信息化管理。跟踪国内外环境科技发展前沿，不断提升军队环境保护科技水平。组织开展军事区域生态建设、资源循环利用、饮水安全、清洁能源开发、节能减排等实用技术的引进吸收和创新研究，不断提高创新能力，充分发挥环保科技在军事环境保护中的技术支撑作用。

4．加强科技平台建设，创建军事环保科研体系

强化军队生态环境保护科技平台建设，抓好军队有关重点院校、重点科研单位、重点监测评估机构和重点实验室的建设；大力提升军队的自主创新和联合攻关能力，完善科研管理机制，形成优势突出、特色鲜明、联合开放、集约高效的军事环境保护科研体系。

5．加强科技成果推广，彰显军事环保科研效益

加强高新技术在军队环境保护与生态建设领域的应用，促进军内外环境科学技术的协作与交流，积极开展技术示范和成果推广，提高军队环境保护与生态建设的科技创新能力，促进产、学、研、用有机结合，为实现建设信息化军队、打赢信息化战争的战略目标提供坚实支撑。

二、军事环境科学研究的作用

军事环境科学研究是军事科学研究体系中重要而特殊的组成部分，贯穿于军队环境保护工作的各个环节，具有理论引导、技术支撑和服务保障的作用。

1．开展环境科学研究是解决环境问题、实现军事环境安全的重要基础

目前世界各国都十分关注军事环境问题，许多国家把军事环境安全作为国家环境安全战略的重要组成部分。军事污染、军事消耗和环境资源战是军事环境安全的三大研究对象，也是影响国防和军队建设可持续发展的重要因素。正确认识军事环境安全，将军事环境保护理念切实、有效地贯穿于每一项军事行动，是当今社会促进军队可持续发展的切入点。结合国防实践的特点，通过广泛、深入的科学研究，充分发挥环保科研在军事环境安全战略中的理论引导作用，认真分析军事活动中可能存在的环境问题，可为探求军事环境问题的解决和控制提供重要的理论

基础，对建立科学、有效的军事环境安全理论体系具有重要的军事价值和现实意义。

2．开展环境科学研究是促进军队建设可持续发展的重要支撑

改善军队训练环境、提高战斗力、促进军队建设可持续发展是军队环境保护工作的重点。探讨军事活动的环境保障规律、研究军事活动的环境影响及相应的控制对策，已经成为新形势下解决军队作战和训练环境问题的新任务。环保科技创新是提升军事区域污染治理水平、保护生态环境最有效的手段之一。只有加强环境科学研究，才能不断提高军队环境保护与生态建设的科技创新能力，有效解决军事环境存在的问题，进而推动军队全面建设的可持续发展。

3．开展环境科学研究是提高军队环境管理科学化水平的有效途径

环境管理是环境科技服务的主战场，环境科技是环境管理的基础和支撑。只有加强环境科学理论和技术研究，才能逐渐掌握军事环境问题的发展规律，找到解决重大军事环境问题的“金钥匙”，科学确定军队环境保护的发展规划，制定符合实际的军事环境标准，不断提高环境管理统筹能力。只有切实依靠优化的科学研究成果，就军事环境发展战略、环境规划、环境法规制度、环保政策措施等重大问题进行决策，才能不断提高军事环境保护决策的水平。

第二节　军事环境科学研究的原则与方法

一、军事环境科学研究的基本原则

军事环境科学研究的基本原则是对军队环境保护与生态建设理论研究和技术开发的理性认识，是开展军事环境科学研究所依据的准则。

1．紧盯部队需求

紧密联系部队环境保护和生态建设的实际，紧紧围绕提高部队战斗力这个根本，将部队的现实需要作为军事环境科学研究的主要内容，努力为部队环境保护、生态建设以及战斗力提升服务，这是军事环境科学研究的客观要求。部队建设的需要为军事环境科学研究提供了广阔的发展空间，军事环境保护科研成果也需要部队实践建设的检验。贯彻紧盯

部队需求的原则，一是要深入了解并掌握部队需求，紧贴部队实际，围绕部队亟须解决的环境保护问题开展科研攻关，为部队战斗力的提高和建设发展提供强有力的技术支持。二是要加大成果转化力度，把环境科研成果尽快通过各种渠道向部队推介，为部队环境保护与生态建设提供新理论、新技术、新装备，使其转化为部队的现实战斗力，充分发挥其环境效益、军事效益和经济效益。

2．确保工作质量

质量是科学研究的生命，环境科研成果的质量关系到军队环境保护和生态建设的质量。贯彻确保工作质量的原则，一是要增强科研人员的责任感和使命感，克服科学研究中的浮躁情绪，以严谨的作风、科学的态度、艰苦的劳动保证研究成果的质量。二是要从科学研究的各个环节入手，在选定项目（课题）、综合论证、制定方案、实施研究、修改完善、鉴定验收等环节上，严把质量关，以质量求生存，以质量求发展。

3．注重协调发展

协调发展就是要处理好与军事环境科学研究相关的各事项的关系，厘清工作思路，努力使环境科研工作全面、健康、可持续发展。贯彻协调发展的原则，一是要处理好基础理论研究、应用理论研究和技术开发研究的关系。应用理论研究和技术开发研究既需要基础理论研究的指导，又为基础理论研究的发展提供实践基础和动力，因此要做到三者有机结合。二是要正确处理和把握质量与数量的关系、当前与长远的关系、计划任务与自主开发的关系、研究与推广的关系等，努力实现环境保护科学研究领域的协调发展。

4．实行开放联合

要树立“开放式科研”与“联合式科研”的观念，打破军地、学科专业的界限，开展全方位的科研协作，努力创新科研单位内部、科研单位之间、科研单位与部队之间乃至科研单位与地方相关单位之间的联合攻关方式。这是提升环保科研规模、质量，顺应军事环保科研社会化趋势的重要保证和必然要求。贯彻开放联合的原则，一是要搞好科研单位间的联合与协作，对一些重大课题或综合性课题，积极组织跨学科、跨专业的联合攻关。二是要搞好与部队的联合、协作，充分借助部队的实践经验和科研院所的技术优势，加强联合与协作，努力形成“大联合”

“大科研”的良好格局。三是要搞好与地方相关单位的联合、协作，既要加强军用先进技术向民用的转移，又要注重发挥民用科研在科技强军中的重要作用，充分利用地方人才、设施与技术资源优势，在遵守军队保密规定的前提下，加强与地方高校、科研院所、企业等的科研合作，拓宽研究渠道，多出成果、多出精品。

二、军事环境科学研究的主要方法

军事环境科学研究应当坚持以唯物辩证法为指导，综合运用各种具体方法，保证科研成果的推广应用。

1．调查研究法

调查研究法是为完成研究任务，深入军队收集第一手材料和文献资料的方法，贯穿于环境科学研究工作的课题选定、专题研究与综合报告编写等各个环节，主要采取普遍调查、典型调查和抽样调查三种手段进行。普遍调查是对研究对象进行全面的观察和了解；典型调查是从研究对象中选择一个或几个有代表性的对象进行观察和了解；抽样调查是从被调查的全部对象中抽取一部分来进行观察和了解，并以部分结果来推算总体结果。三种调查手段各有优点和局限性，在运用的过程中要根据任务的需求进行选取，以获得全面、准确的资料。

2．比较分析法

比较分析法是通过对两类或两类以上可比事物进行对比、分析，从而确定所比事物的异同点，找出内在联系、共同规律和特殊本质，以揭示研究对象的发展规律，预测研究对象发展趋势的方法。比较分析法可分为同类比较和异类比较、横向比较和纵向比较、宏观比较和微观比较等。同类比较是将两种或两种以上相同种类的研究对象进行对比，确定它们的不同点；异类比较是将两种或两种以上不同种类的研究对象进行对比，确定它们的共同点。横向比较是将同类的不同对象放在同一标准之下进行对比；纵向比较是将不同历史时期的研究对象进行对比。宏观比较是将大范围内的研究对象进行整体对比；微观比较是将小范围内的研究对象进行局部对比。

3．归纳演绎法

归纳是从个别或特殊的事物中概括出一般结论的方法，是从个别到一般的推理方法。演绎是根据已知的一般原则去推导个别事件的方法，是从一般到个别的推理方法。归纳与演绎互为前提、互相促进。归纳演绎法是军事环境科学研究中经常运用的方法，可以深化认识，使感性认识上升为理论。归纳演绎法也有一定的局限性，运用归纳演绎法得到的结果只是推理的结果，并不完全可靠，需要结合其他方法加以综合探究。

4．系统分析法

系统分析法是以系统思想为指导，将研究对象作为一个系统来处理，着重分析对象系统的结构、功能、环境及其相互间的作用，对系统进行深入了解和剖析的方法。这种方法具有综合性、辩证性和原则性等特点，包括结构分析法、网络分析法、系统动力学法、计算机模拟法、层次分析法等。系统分析法的基本过程包括：一是确定思路。根据研究问题的类型和特征等，按照提出问题、分析问题、形成方案、评价方案、形成结论的模式，以目标、方案、约束、准则和模型为基本要素，确定解决问题的总体思路和基本程序。二是系统优化。以系统优化思想为指导，正确处理和优化各种矛盾、关系，以保证所提需求的总体均衡和整体协调。三是综合评价。对提出的各种可行方案从总体上进行评价，通常以有效性、可行性、先进性、合理性等为主要标准，形成多类、多层的评价指标体系，以保证评价的客观性和结论的可用性。

5．模拟仿真法

模拟仿真法是一种以研究系统动态特性为主的试验分析方法。该方法按照理论、实践经验及技术水平，确定符合实际的数据、规则和程序，建立仿真模型，进行模拟试验，从而为研究问题提供支持，具有环境逼真、结果直观、易于重复等特点。运用模拟仿真法时，应注意模拟次数的确定、对策的应用、数据的准确性等问题，其基本过程包括明确目的、确定指标、拟制规则、准备数据、建立模型、编制程序、调度运行和分析结果等。

6．解析法

解析法是运用数学方法建立针对特定问题的解析模型或解析表达式，解决适合定量分析问题的研究方法，具有公式透明性好、易于了解、计算简单、能够分析变量间的关系、便于应用等优点。常用的解析法包括数学规划法、排队论、对策论、灰色关联法、模糊评判法、效用函数法等。解析法的应用主要体现在：一是定量计算。需要构建多种解析模型，通过定量计算来满足研究需要。二是量化评估。通过构建评估指标体系和定量解析模型，采取定性、定量相结合的描述，帮助研究人员深刻、清晰地理解和把握评估对象的本质及相应目标的满足程度。三是方案优化。借助规划方法、决策方法、网络方法等，实现研究方案的整体优化。

7．综合预测法

综合预测法是以统计学原理为基础，根据历史经验、客观资料和逻辑推断，寻求事物的发展规律和未来趋势的一种研究方法。常用的综合预测法包括类推法、指数平滑法、回归分析法、贝叶斯分析法等。一是趋势判断。诸如军事环境安全与军事威胁等问题的分析和研究，都是对未来的推断或预测。要使这些问题得到相对科学、正确的解答，就必须借助综合预测法。二是确定指标。在研究中经常需要确定指标或指标体系，有的还要估算各项指标的赋值，要解决这些问题，需发挥专家的集体智慧，借助综合预测法进行分析研究。

8．试验验证法

试验验证法是运用一定的手段对环境保护理论等进行探索和验证的方法，具有探索性和验证性的功能。许多科研成果是在反复试验的基础上形成的，并在实践应用中得到检验和完善，也只有这样，科研成果才会有价值和生命力。

第三节　军事环境科学研究的体制机制

加强军事环境科学研究体制机制建设，是军队强化环保科技管理、确保环保科技工作的开展、提高科研质量、促进科研工作沿着正确方向协调发展的重要保障。随着军队环境保护和生态建设事业的不断发展，逐渐形成了具有军队特色的军事环境科学研究管理体制机制，从而保证了军事环保科技的可持续发展。

一、军事环境科学研究管理的内容

军事环境科学研究管理的主要内容包括科研决策、科研计划、科研组织、科研协调、科研控制五个方面。

1．科研决策

军事环保科研决策就是军事环保科研管理机构提出的科研工作思路和对策，是环境科学研究与科研管理的前提和关键。决策不仅体现在科研管理过程的开始阶段，而且贯穿于科研管理工作的各个方面，科研管理中的计划、组织、协调、控制等职能都离不开科学决策。

2．科研计划

军事环保科研计划就是军事环保科研管理机构拟定的科研工作任务和步骤。科研计划使科研决策具体化，是科研组织实施的依据，为科研控制提供目标，具有规范、中介和增效的作用。科研计划一般分为发展规划、年度计划和专项计划。

3．科研组织

军事环保科研组织就是军事环保科研管理机构为实现科研目标对管理各要素的有机组合。科研组织主要包括科研人员的选配、科研任务的分工、科研经费与设备的分配、科研职责任务及相互关系的确立等。

4．科研协调

军事环保科研协调就是军事环保科研管理机构为达到预定的科研目标所进行的磋商与调节，目的是使各个局部、各个环节协调一致，保持综合平衡，发挥整体优势。

5．科研控制

军事环保科研控制就是军事环保科研管理机构为保证科研实施与计划相一致而进行的监督和检查活动。监督和检查的内容主要包括落实计划要求和项目（课题）设计的情况，研究工作的质量、进度、方法，经费使用与管理，科研规章的落实情况等，目的是对科学研究进行正确引导，使科研工作规范、有序。

二、军事环境科学研究的管理机构

早在1980年，全军就成立了医院污水治理科研小组。随着《中国人民解放军环境保护条例》等的颁布和实施，军事环境科学研究管理的组织体系得到不断完善和加强。一是从军委总部到基层团以上部队都设置了环保绿化委员会，并明确军队各级环保绿化委员会办公室（一般都设在本级基建营房部门）负责主管本单位、本系统的环境保护科学技术研究工作，要求其必须切实加强对环境保护科学研究的组织和指导，充分调动有关科研、设计、教学和环境监测等单位和人员开展环保科研的积极性，有效组织有关科研力量，开展军事环境科学技术研究和科研攻关活动。二是明确军队各级相关科研主管部门，将环境保护科学技术研究纳入工作规划，与其他科研工作同时规划、同时部署、同步发展。对有关环保科研课题的研究给予相应的经费、物质和信息支持；对有关环保科研成果在评奖和推广方面给予必要的倾斜和支持等。

三、军事环境科学研究的管理职责

军事环境保护科学研究实行总部、军兵种（军区）、科研单位分级管理体制。

1．原总后勤部基建营房部

原总后勤部基建营房部是全军环境保护科研的主管部门，在军事环境科研管理方面的主要职责是：负责全军环境保护科研工作的统一规划和监督管理；组织制定全军环保科研发展规划、计划；批准下达重大军事环境科研任务；组织并协调与国家有关的重大军事环境科研课题的联合攻关；督促并指导完成科研任务；组织并协调科研成果的评审、鉴定、报奖、评奖和推广应用等工作。

2．军区级单位联（后）勤机关的基建营房部门

原四总部（包括总参谋部、总政治部、总后勤部、总装备部）、军兵种、原各大军区等军区级单位联（后）勤机关的基建营房部门是本单位、本系统环境保护科研的主管部门，在军事环境科研管理方面的主要职责是：负责本单位、本系统环境保护科研工作的统一规划和监督管理；组织制定本单位、本系统环保科研发展规划、计划；批准下达军事环境

科研任务；组织协调与地方有关的军事环境科研课题的联合攻关；督促并指导完成科研任务；组织并指导相关科研成果的评审、鉴定、报奖、评奖和推广应用等工作。

3．原军区级以下、团级以上单位的基建营房部门

原军区级以下、团级以上单位的基建营房部门是本单位环境保护科研的主管部门，在军事环境科研管理方面，参照原军区级单位基建营房部门履行有关管理职责。

4．各级单位的相关科研主管部门

各级单位的相关科研主管部门在军事环境科研管理方面的主要职责是：将环境保护科学技术研究纳入工作规划，与其他科研工作同时规划、同时部署、同步发展。对有关环保科研课题的研究给予相应的经费、物质和信息支持；对有关环保科研成果在评奖和推广方面给予必要的倾斜和支持等。

5．有关科研、设计、教学和环境监测等承担军事环境科研任务的单位

承担军事环境科研任务的单位的科研管理部门在军事环境科研管理方面的主要职责是：负责组织和领导相关军事环境科研活动，制定有关军事环境科研工作的规章制度、发展规划和年度工作计划；负责有关军事环境科研的基础建设和保障工作；负责军事环境科研项目管理，组织协调项目的联合攻关；负责军事环境科研成果管理，组织军事环境科研成果的评审、鉴定、报奖和推广应用，保护成果专利及知识产权；负责管理军事环境科研经费；组织开展有关学术交流与合作等。

四、军事环境科学研究的主要力量

环境科技事业的发展离不开环境科研队伍能力的提高，优秀的环境科研机构和人才是环境科技事业的有力支撑。军队高度重视军事环境科学研究的力量建设，通过资源整合、优势互补、强强联手，先后成立了全军环境保护研究监测中心、全军环境科学研究中心、全军环境保护信息中心和全军环境工程设计与研究中心等，形成了集军事环境保护科学研究、技术开发、科技咨询等为一体的环保科技支撑体系。经过多年的努力，军队在军事环境保护领域打造了一支精干、高效的科研队伍，形

成了由军队科研机构、教学机构、环境监测机构、基层部队科技人员和管理人员组成的军事环境科学研究力量体系，为军队环境保护与生态建设提供了有力的理论支持和技术支撑。

1．中国环境科学学会国防环境分会

中国环境科学学会国防环境分会于 1988 年 12 月 16 日在北京成立，挂靠中国人民解放军防化研究院。中国环境科学学会国防环境分会是学术性群众团体，是中国环境科学学会下设的分支机构，现有团体会员 44 个、常务理事 25 名、理事 33 名，均为目前我军从事环保工作的管理、科研、教学等单位和人员。学会成立后认真贯彻国家有关方针和政策，遵守军队法规、条例，以服务军事环境建设、促进部队发展为宗旨，积极开展了以环境科学研究、信息技术交流为核心的各项工作，多次开展军内外学术交流并组织环境科学研讨会，举办各类环保培训班，开展技术咨询服务，普及环保知识，开展科技成果和先进技术的推广等，对我军军内环境科研工作起到了重要的促进作用，为军事环境建设与发展做出了重要贡献。

2．科研机构

隶属于原四总部和军兵种的科研机构是军事环境科学研究的主要力量之一，如原总后的军事医学科学院、原总装的防化研究院、原二炮的装备研究院等。各科研机构与环境管理部门的紧密联系为环境管理提供了直接的技术支持，在环境与人体健康、环境应急技术、军事环境标准、特种污染处理处置技术及装备等领域开展了卓有成效的研究工作。

3．教学机构

军队院校是军事环保科研体系的重要组成部分，拥有很强的人才优势、技术优势和资源优势，是军队环保科技进步的重要力量。目前，中国人民解放军陆军防化学院、中国人民解放军陆军勤务学院、中国人民解放军空军工程大学、中国人民解放军海军工程大学等院校均有从事军事环境科研的人才队伍，拥有营区环境污染、战场环境信息、地下国防工程密闭环境污染控制、战场环境规划与伪装、军事区环境规划与管理、采暖通风和给水排水、资源综合利用与节能减排、环境监测与应急监测、军事特种污染物处理处置、环境污染应急处理、噪声污染防治、核与辐射污染防治等研究方向，是开展军事环境领域创新性研究的主力军。

4．监测机构

军队环境监督监测机构是军队环境保护管理技术执法机构，同时也是开展环境保护科学研究的重要力量。20 世纪 80 年代以来，从总部至各大军区、军兵种，以及部分大城市、大型工厂等都先后成立了军队环境监测机构。经过多年的发展，形成了由全军环境监测总站，各军区、各军兵种、各总部环境监测中心站，以及一些区域站、单位站组成的军队环境监测体系和网络，为依法保护军队单位的环境和维护军队的正当环境权益做出了贡献，为军队环境保护工作提供了强有力的技术支持、技术服务和技术监督。

第二章　军事环境保护理论研究

军事环境保护理论研究是军队环保科研工作的基础和重要支撑，对于提高环境科技创新能力具有重要的作用。近年来，军队紧紧围绕新时期军事环境保护的需要，大力开展军事环境保护体制机制研究、军事环境保护规划研究、军事环境保护对策研究和环境保护军民融合式发展战略研究，创新性地构建了军事环境安全理论体系和生态营区建设理论体系，为新形势下的军事环境保护工作奠定了坚实的理论基础。

第一节　军事环境保护体制机制研究

军事环境保护体制机制是从整体上将军队环境管理各种物质要素组合成有机整体的纽带，是军队环境保护工作有序开展的基本保证。为保证环境保护工作的正常和高效运行，军队将军事环境保护体制机制研究作为军事环境科研的重大课题，组织进行了专门的研究攻关，取得了许多创新性研究成果，在不断优化军事环境保护体制机制、提高军事环境管理水平方面发挥了重要的作用。

一、军队环境管理组织编制研究

为了提高军队环境保护管理部门的工作效率，促进军队环境保护工作高效、有序地开展，相关学者、专家开展了军队环境管理组织编制的研究。该课题组在分析环境管理组织编制的发展历程的基础上，研究并形成了军队环境管理及其组织编制的基础理论，探讨并指出了现行环境管理组织编制的利弊。通过研究我国环境保护管理机制以及美军、英军等国外军队的环境管理组织编制，结合我国国情，提出了我军环境管理组织编制的改革方案，论证了军队环境管理机构的地位、作用，确立了军队环境保护的多层次管理模式，构建了科学的军队环境管理组织编制基本框架，提出了军队环境管理机构的设置原则和基本职责。该课题研究成果为《中国人民解放军环境保护条例》《中国人民解放军绿化条例》《中国人民解放军放射性污染防治条例》等的制定和修订提供了重要的理论依据，为军委总部不断优化军队环境保护管理体制机制的重大决策提供了重要的理论支撑。

二、军队环保绿化管理体制研究

为了解决军队环境保护和绿化建设管理存在的问题，理顺各部门之间的关系，使军事环境保护统一监管、分工负责的基本制度落到实处，军委总部组织相关部门及人员进行了军队环境保护和绿化建设管理体制的课题研究。课题组深入部队进行调查研究，广泛听取机关、部队、科研、训练、仓库、医院、环境监测等单位和地方环境保护部门的意见和建议，参照国家现有的环境保护管理体制，借鉴国外军队的经验和做法，紧密结合军队实际，研究并提出了军队环保绿化管理组织机构的设置模式：建议设置由中央军委直接领导的中国人民解放军环保绿化委员会，统一规划领导全军环境保护和生态建设工作；在团级以上单位设置本单位环保绿化委员会，统一规划领导本单位、本系统的环境保护和生态建设工作。在原总后勤部基建营房部设置全军环保绿化委员会办公室，对全军环境保护和生态建设工作实行归口管理，统一监督，行使具体的规划、指挥、组织、监督和协调等职能；在军区级以下单位的联（后）勤机关的基建营房部门设置本级环保绿化委员会办公室，对本单位、本系统的环境保护和生态建设工作实行归口管理，统一监督，行使具体的规划、指挥、组织、监督和协调等职能。同时，该课题根据军队环境保护工作的特点和环境管理组织编制的现状，提出了建立行政首长负责制、机关部门分工负责制和单位目标管理责任制的军队环境保护和生态建设工作组织领导体制思路等。该课题的研究成果为《中国人民解放军环境保护条例》《中国人民解放军绿化条例》的修订提供了重要的理论支持。

三、军队放射性污染防治管理体制研究

为彻底解决军队放射性污染防治工作管理分散、权责不清等问题，确保军事装备和环境的绝对安全，根据中央军委的决策和部署，军队环境保护主管部门专门组织相关专业的专家，开展了军队放射性污染防治管理体制的课题研究。课题组根据国家有关法规的要求和军队的实际情况，通过广泛的调查研究，分析了军队放射性污染防治的特征，提出了“统一监管、分工负责”的管理模式，提出了由原总后勤部归口管理军队放射性污染治理与环境安全监管工作的建议，并明确了原总后勤部基建营房部在军队涉核基础设施工程建设和维护管理、核与辐射污染防治和环境安全监管工作方面的职责；同时对原总参谋部、原总政治部、原总装备部以及相关涉核业务主管部门的放射性污染防治工作的职责分工提出了具体建议；对军区级以下单位的放射性污染防治工作统一归口部门的设置、主管部门及其有关业务主管部门的具体职责分工等，也提出了明确建议，先后完成了 9 项专题研究报告，为中央军委进行军队放射性污染防治和辐射环境安全管理体制决策提供了可靠的理论依据，也为《中国人民解放军放射性污染防治条例》的制定和颁布提供了重要的理论支撑。

四、军队环境监测监督体制研究

为了进一步加强军队环境监测的管理，促进军队监测工作规范化、制度化和程序化，提高军队监测工作的公正性、科学性和权威性，军队环境保护主管部门组织专家开展了军队环境监测监督体制课题的研究工作。课题组通过全面调查、分析军队环境监测监督工作的现状和监测机构能力建设情况，结合国家统一要求，借鉴国外军队的经验，紧密结合我国军队实际，对军队环境监测监督机构的组织架构、职责等提出了具体建议。在组织架构方面，研究并提出了“两网四级”的组织模式，即依托现有监测机构，组建闭合的军队环境监测网络，强化与地方、行业的协作联系，形成军民结合的环境监测网络；构建由全军工程与环境质量监督局（一级站）、军区级环境监测监督站（中心）（二级站）、按照管理地域设立的军队地区环境监测监督站（中心）（三级站）以及重

点单位设置的环境监测监督站（辐射剂量监测机构）（四级站）组成的四级军队环境监测体系。在职责方面，研究并提出了“三监合一”的职责体系，既要依法承担军事区域环境质量（包括辐射环境质量）和各类污染源（包括放射性污染）的监测任务，也要依法对各项环境保护决策、计划等的落实情况进行监察，对各项环境保护政策、制度等的执行情况进行监督。课题的研究成果为相关决策和法规的制定提供了重要的理论支撑，也对提高军队环境监测和辐射监测管理的水平发挥了重要的指导作用。

五、军地环境保护协调机制研究

为了妥善、及时地解决新形势下军地在环境保护方面的矛盾和纠纷，争取地方政府对军队环境保护工作的信息、技术、经费和政策支持，协助保护军事区域的环境安全，携手做好环境保护工作，军队环境保护主管部门组织专家开展了军地环境保护协调机制课题研究工作。课题组通过广泛的调查和研究，全面分析了军地在环境保护方面产生矛盾和纠纷的原因，在地方有关部门的大力支持下，明确了省军区、军分区的环保绿化委员会办公室在协调处理本地区驻军单位与地方人民政府环境保护主管部门之间的有关军地环境保护事宜方面的职责，并就建立军地环保协调机制的基本模式、基本方法、基本步骤，以及制定综合协调、重大环境问题协调会商等制度提出了具体建议，为实现军地环境保护工作的协调化、规范化和制度化提供了重要的理论支撑。

六、军地环境应急技术支持协同机制研究

为了解决军地在环境污染应急处置技术层面沟通渠道较少、协作的机制还不够健全等问题，减少环境污染事故带来的危害，军队的专业技术人员开展了军地环境应急技术支持协同机制的课题研究工作。课题组分析了军地环境应急技术支持层面上存在的问题，总结了国内外环境应急技术支持中的经验和教训，提出了军队在环境事故应急技术支持中担负的应急辐射监测、应急去污、医学应急救援和工程抢险等主要任务，建立了“统一指挥、密切协同，积极兼容、重点建设，预有准备、快速反应，积极主动、科学办事”的环境应急技术支持的基本原则，明确了

应急准备、应急指挥、应急力量、应急行动等核应急技术支持的主要内容；通过明确工作职责、完善制度等方式建立了军委总部与国家应急部门、军区与地方应急管理机构、救援部队与地方救援专业力量三级协调机制；通过厘清军地应急救援的协同关系，明确应急行动实施的程序，建立健全了科学、系统、配套的军地环境应急技术支持协调机制，从而在环境应急时能够较好地协调，相互支撑，减少事故带来的危害。课题的研究成果对加强军地环境应急力量建设具有重要的指导意义。

第二节　军事环境保护规划研究

军事环境保护规划是军队环境保护工作的行动指南，是规划期内环境保护工作的纲领，对于促进军队环境保护和生态建设的可持续发展具有重要的意义。从 20 世纪 70 年代末开始，中央军委每五年都要制定并发布一个全军环境保护总体规划，先后研究并制定了《全军环境保护长远规划（1977—1985）》《全军环境保护“七五”计划》《全军环境保护“八五”计划和十年规划》《军队“十五”环保绿化计划》等全军环境保护与生态建设中、长期规划，同时各大单位在全军环境保护与生态建设规划的指导下也分别制定了相应的环境保护规划。近年来，军队环境保护和生态建设迎来了前所未有的发展机遇。为了保证军队环境保护工作科学、有序地推进，促进军队全面与可持续发展，根据建设资源节约型、环境友好型社会的要求和新时期军事战略方针，结合军队实际情况，先后制定了《2003 年至 2007 年军队生态环境建设规划》《军队环境与生态建设“十一五”规划》《军队环境保护和生态建设“十二五”规划》《关于落实科学发展观进一步加强军队环境保护与生态建设的意见》等纲领性文件，用于指导军队环境保护与生态建设的各项工作。在每次规划制定前，军队环境保护主管部门都要下达专项研究课题，组织专家开展专题调查研究，通过分析军队环境保护面临的形势、特点和要求，提出制定规划的方法，编制规划的指导思想和一般原则，为科学制定和全面落实规划提供理论依据和技术支撑。

一、《2003 年至 2007 年军队生态环境建设规划》研究

自开展全民义务植树运动以来，全军部队积极响应党中央、中央军委的伟大号召，认真履行植树义务，以改善营区和驻地生态环境质量为目标，以增强部队凝聚力、提高部队战斗力为标准，坚持生态建设和生态保护并重的方针，积极开展军事区域三荒治理，支援驻地生态环境建设，并取得了一定成绩。但是，与国家总体要求相比，军事区域生态环境建设还有一定的差距，三荒治理任务相当繁重，林木资源管护亟待加强。为此，中央军委提出了制定《2003 年至 2007 年军队生态环境建设规划》的要求。2002 年下半年，中国人民解放军环保绿化委员会下达了相关研究课题，组织专家开展了《2003 年至 2007 年军队生态环境建设规划》课题研究工作。课题组首先分析了军队生态环境建设面临的形势，通过广泛的调查研究，在基本掌握了军事区域生态环境建设的现状、分析了军事区域三荒治理和林木资源管护方面存在问题的基础上，根据国家生态环境建设总体规划和新时期军队建设的要求，提出了《2003 年至 2007 年军队生态环境建设规划》制定的指导思想和基本原则，明确了基本完成军事区域三荒土地治理任务，森林资源得到有效保护，无重大森林火灾、病虫害发生，生态环境建设的薄弱环节得到有效加强，军事区域环境质量得到明显改善，初步建立起一个功能完善、结构合理、效益显著的生态体系，努力实现生态效益、环境效益、军事效益和社会效益的有机统一与协调发展的基本目标和重点区域生态建设任务，提出了具体的措施等。课题研究成果为主管部门科学拟制《2003 年至 2007 年军队生态环境建设规划》提供了可靠依据。

二、《军队环境与生态建设“十一五”规划》研究

“十五”时期是军队环境保护与生态建设事业实现跨越式发展的重要时期，以重点区域流域水污染治理为标志的环境污染治理步伐明显加快，以改善军事区域生态环境质量为重点的生态环境建设成效显著，以《中国人民解放军环保条例》《中国人民解放军绿化条例》《中国人民解放军环境影响评价条例》为支撑的环境法制体系建设日臻完善，以提高全军官兵环保意识、弘扬生态文明为着力点的环境宣传教育不断深入，

以中、美两军环保交流为主体的对外军事环境交流空前活跃，军队环境保护与生态建设工作的国内、国际影响力不断扩大。但是，由于基础比较薄弱，我军的环境污染防治任务仍然十分艰巨，部分军事区域生态恢复的措施落实不到位，局域生态环境存在恶化趋势，历史形成的威胁军事设施和军事装备、影响官兵身心健康的环境问题还没有得到有效解决，军队环境统一监管机制亟须完善，军队环境保护与生态建设面临的困难较多。为此，中央军委提出了制定《军队环境与生态建设“十一五”规划》的要求。2005 年下半年，中国人民解放军环保绿化委员会下达了相关研究课题，组织专家开展了《军队环境与生态建设“十一五”规划》的课题研究工作。课题组在准确把握军队生态环境建设面临的形势的基础上，开展了大量的调查研究，全面总结了“十五”期间军队环境与生态建设取得的成绩，认真分析并梳理了军队环境与生态建设的现状和存在的问题，并根据建设资源节约型、环境友好型社会的要求和新时期军事战略方针，结合军队实际情况，提出了制定《军队环境与生态建设“十一五”规划》的指导思想，确定了“统一规划、协调发展，预防为主、环境友好，突出重点、保障急需，依靠科技、强化管理”的规划制定原则。同时，课题组提出了“十一五”期间军队环境与生态建设的目标：军事区域环境质量明显改善，环境脆弱区域的生态基本恢复；核与辐射等军事特种污染源治理取得明显进展，军事设施环境安全得到有效保障；驻国家重点流域区域军队主要水污染源得到基本治理；驻重点城市部队大气污染源达标排放率和固体废物无害化处置率达到 70%以上；军队噪声扰民问题得到初步解决；军事区域三荒土地治理和海防林建设任务基本完成；军事区域草原、湿地和各类林木资源得到有效保护；生态营区建设取得长足进展；环境影响评价、“三同时”等制度的执行率显著提高；环境保护和生态建设的统一监管、科技创新和应急处置能力进一步增强。同时，该课题从“以核与辐射环境安全监管为重点，切实解决严重影响环境安全的军事污染问题；以推进环境友好型军营建设为重点，大力加强军事区域环境保护与生态建设；以军事环境基础理论研究和关键应用技术攻关为重点，努力提高军队环境保护与生态建设的科技创新能力；以健全完善环境管理机制为重点，依法强化军队环境保护与生态建设监管力度”四个方面明确了“十一五”期间军队环境与生态建设的主要任务，提出了更新观念、坚持科学发展，多方筹措、加大经费投入，加强领导、强化依法监管，整合力量、加大科技创新，深入宣传、增强环境意识等规划实施的保障措施。该课题研究成果为主管部门拟制《军队环境与生态建设“十一五”规划》提供了可靠依据。

三、《关于落实科学发展观进一步加强军队环境保护与生态建设的意见》研究

2003 年和 2005 年，《中共中央国务院关于加快林业发展的决定》和《国务院关于落实科学发展观加强环境保护的决定》分别发布施行，为了全面贯彻落实科学发展观，深入、扎实地推进军队环境与生态建设工作，促进军队全面与可持续发展，2006 年，全军环境保护主管部门组织相关专家，开展了《关于落实科学发展观进一步加强军队环境保护与生态建设的意见》课题研究。课题组全面梳理了军队环境保护与生态建设的显著成效，分析了军队环境保护与生态建设的紧迫形势，认真学习并研究了中共中央和国务院两个决定的出台背景、基本要求和精神实质，紧密结合军队实际情况，研究并提出了用科学发展观统领军队环境保护与生态建设工作的指导思想，确立了军队环境保护与生态建设“五坚持”基本方针。同时，课题组规划了2020 年前军队环境保护与生态建设的战略目标，包括生态营区建设取得长足进展，生态环境建设的薄弱环节得到显著加强；核与辐射等军事特种污染得到基本控制，军事设施环境安全得到有效保障；驻国家重点区域/流域军队主要污染源得到基本治理，军事区域环境质量得到明显改善，基本满足军事活动和官兵工作、生活对环境质量的要求，努力实现军事与环境和谐、人与环境友好；环境影响评价、“三同时”等制度得到全面落实，环境保护与生态建设统一监管效能得到大幅提升。课题组也提出了实现基本目标需要着力抓好以创建生态营区为重点，全面提升营区环境质量；以核与辐射环境监管为重点，切实解决严重影响环境安全的军事特种污染问题；以促进军事与环境相和谐为重点，大力加强军事区域环境保护与生态建设；以支援西部大开发等国家重点生态工程为重点，高质量完成国家和地方政府赋予的生态建设任务等军队环境保护与生态建设的“四大重点工程”，以及围绕这些重点工程必须完成的 20 项重大建设任务。同时，课题组从健全

法规标准体系、完善环境管理体制、切实加强能力建设、依法加大监管力度和强化舆论监督等方面提出了加强军队环境保护与生态建设监督管理的要求；强调了要从坚持并完善领导任期目标责任制、大力推动环境科技创新、深入开展宣传教育、积极开展对外军事环保交流等方面，切实加强环境保护与生态建设的组织领导。在课题组的研究论证报告的基础上，中央军委发布并实施了《关于落实科学发展观进一步加强军队环境保护与生态建设的意见》，该文件成为新时期指导和推进军队环境保护与生态建设事业发展的纲领性文件。

四、《军队环境保护和生态建设“十二五”规划》研究

2010 年下半年，中国人民解放军环保绿化委员会下达了《军队环境保护和生态建设“十二五”规划》的研究课题，并组织专家开展了相关的论证研究工作。课题组全面梳理了“十一五”期间军队环境保护与生态建设取得的成绩，通过全军污染源普查的统计和分析掌握了军事区域环境质量现状，分析了国家环境保护“十二五”发展规划，并结合中央军委《关于落实科学发展观进一步加强军队环境保护与生态建设的意见》的具体要求，提出了《军队环境保护和生态建设“十二五”规划》的总体目标：军事区域环境质量整体提升，环境脆弱区域的生态较好恢复；核与辐射等军事特种污染源得到妥善处置，军事设施环境安全得到有效保障；驻国家重点流域/区域/海域和城市军队单位的主要污染物、军事管理区三荒土地基本治理，军事区域生态环境和文物、水资源得到有效保护；80%的现有营区达到绿色营区标准，生态营区建设步伐明显加快；环境影响评价执行率达到 70%，环境安全监督和突发环境事件处置能力全面加强。同时，该课题组明确了“以解决重点污染问题为突破口，全力搞好军事区域污染预防和治理；以创建绿色营区、生态营区为抓手，全面加强军事区域生态环境建设；以提高生态环境保障效益为根本，深入开展军事环境基础理论和关键技术研究；以核与辐射防治制度建设为重点，积极构建系统完备的环境监管机制”等“十二五”期间军队环境保护与生态建设的主要任务，以及积极协调、争取支持，加强指导、强化管理，完善政策、优化方案，搞好宣传、加强培训等保障措施。该课题研究成果为主管部门拟制《军队环境保护和生态建设“十二五”

规划》提供了可靠依据。

第三节　军事环境安全理论研究

环境安全是指人类在促进经济发展和社会进步的一切活动中，坚持以可持续发展为前提，使环境与经济协调发展，维持生态平衡，以使人类的健康和生活不受威胁。全球变暖、资源匮乏、环境污染、物种灭绝、土地沙化、水土流失等已严重影响人类的生存和发展，这些问题不仅给国民经济和社会生活带来了挑战，而且可能引发地区与地区、国与国之间的武装冲突，威胁国家和地区的安全与稳定。深刻认识并认真处理好国防建设与环境之间的关系，实现国防建设与经济、生态环境建设的良性循环，保障国家环境安全，是未来国防发展必须考虑的战略课题。近年来，军队高度重视军事环境安全理论体系研究，紧紧围绕军事环境安全影响因素、军事环境外交和军事活动的环境破坏效应、突发公共事件的环境保护应急机制等问题，建立了军事环境安全指标体系、军事环境安全评估体系与方法、军事环境安全预警预报机制，并取得了许多创新性的研究成果。

一、环境安全与军事环境安全研究

该课题是军队最早开展的军事环境安全理论研究项目。课题组从维护国家安全和社会稳定的角度，通过分析现代高技术战争的理论与实例，阐述了环境安全是国家安全的组成部分这一论点，全面、系统地分析了环境安全及军事环境安全的概念和内涵，指出军事环境安全是人类赖以生存和发展的各种天然的以及经过人工改造的自然因素的总体，处于不受来自军事活动的污染破坏或不受军事活动威胁的良好状态。军事环境安全是环境安全、国家安全的重要组成部分，对维护环境安全和国家安全起着重要作用。军事环境安全是军事领域、环境领域和安全领域交叉而形成的新概念，它主要包含两层含义：一是指军事活动的影响引起的军事污染、生态破坏和环境资源的大量消耗，对地区、国家乃至国际社会可持续发展产生的威胁；二是指环境的恶化、环境资源的匮乏导致的武力冲突、军事力量介入的发生，引发环境资源战的问题。该课题组提出用“环境压力”指标来综合评价各环境要素对国家安全和社会稳定构成的影响，并围绕军队自身的环境问题、军队在维护国家生态环境安全中的地位与作用，通过分析、总结外军的环境安全政策及经验教训，提出了协调发展我军军事行动与环境安全、维护我军军事环境安全的机制与对策措施。课题研究成果填补了我军环境保护工作的理论空白，开拓了军队环境保护工作的新领域，对促进我军军事环境学科建设、推动军队环保教育培训、指导生态营区规划建设、保障与外军的环保交流等起到了重要作用，对于有效解决我军在平时战备和未来高技术战争中面临的军事环境问题具有重大的理论及实践意义。2007 年，该课题获军事科学优秀成果二等奖。

二、军事环境安全评价体系构建研究

军事环境安全的实现必然涉及行动方案的提出、制定、论证与评估等问题，军事环境安全评价体系是实现军事环境安全的重要途径。为此，该课题组研究并提出了客观、科学地反映军事活动与自然资源、生态环境之间不断发生的相互作用关系的军事环境安全评价体系构建目的，分析了军事环境安全系统评价的特点，从军事污染评价和环境资源安全评价两个方面明确了评价体系的内容，确定了弹性指数、军事污染指数和资源安全指数三个军事环境安全系统的基本判定指标，从环境和资源弹性能力评价、军事污染评价、资源安全评价三个方面构建了包括环境弹性力指数、资源弹性力指数、军事污染指数、资源安全指数的军事环境安全评价体系。课题研究成果对于开展军事环境安全理论研究具有重要的指导作用。

三、军事环境安全综合评价方法研究

建立军事环境安全系统的评价方法对全面、有序地掌握军事环境安全状况具有重要意义。课题组通过研究指出，环境弹性力和资源弹性力是军事环境安全的基础条件和约束条件，资源的持续供给是军事环境安全的支持条件，军事污染状况是军事环境安全状况的直接反映。为此，课题组将环境弹性度和资源弹性度作为一级评价的准则，将资源安全度作为二级评价的准则，将军事污染作为三级评价的准则，建立了军事环境安全综合评价方法，提出了综合评价法的基本程序：一是军事环境状况调查，包括当地生态环境现状、资源存量和供给现状、军事污染类型和污染程度现状，采用的主要方法为地面考察、遥感监测、历史数据收集、地方和军方相关部门的统计资料收集；二是军事环境安全分级评估，在了解了所评价对象的现状与背景资料等的基础上，分别对评价对象进行正确评价；三是综合分析评价，根据一级、二级、三级评价结果，对评价对象的军事环境安全系统做出分析。课题研究成果为军事环境安全研究提供了重要的理论和技术支撑。

四、军事活动环境安全策略研究

根据生命周期理论，为保障新形势下各国的军事环境安全，应针对军品设计、研制、生产、市场准入及作战方法等军事活动的不同环节采取科学、实用且经济的对策，重视从源头上综合预防环境污染与破坏，重视末端治理，建立完善而系统的管理制度，储备必要的环境恢复技术。为此，课题组分析了军事活动包含的主要阶段及效果，提出了保障军事环境安全的对策：一是重视军事活动前的环境影响评价，充分考虑军事活动对生态环境的不利影响，提出有效的减缓和预防措施；二是选取对生态环境负面影响小的方式，尽量保护生态环境；三是储备必要的环境修复技术，为迅速、高效、经济、安全地修复已遭破坏的生态环境提供相关技术支撑；四是在军队采购中推行环境准入制，在充分满足部队战斗力生成的前提下，在采购军备时尽量避免破坏环境。课题组提出的军事环境安全对策对有效解决军事活动带来的环境安全问题具有重要的指导作用。

五、军事环境安全预警系统研究

除传统的军事安全和政治安全外，环境安全、经济安全、社会安全等非传统安全成了国家安全的重要组成部分。作为环境安全的分支，军事环境安全也逐渐引起各国的广泛关注。军事环境污染引起的生态环境恶化问题，较一般的环境问题更难治理，甚至危及人类及其生存环境的安全，同时环境资源问题引发的冲突甚至战争直接威胁国家安全。进入新世纪，党和国家赋予军队新的历史使命，军队需要提高应对多种安全威胁、完成多样化军事任务的能力。在这种形势下，军队需要积极探索解决军事环境安全问题的理论和技术方法。军事环境安全预警系统是对军事环境安全问题提前进行预测并提出相应对策、措施的报警和调控系统。课题组对军事环境安全预警的理论、方法和技术等一系列问题进行了研究，阐明了军事环境安全的内涵、特征及主客体，在对相关预警理论及研究成果进行分析的基础上，运用系统、科学的预警理论，构建了军事环境安全预警系统的基础理论框架，提出了军事环境安全预警系统的总体运行流程。在遵循预警指标选取原则的前提下，初步设计了由警情指标和警兆指标组成的军事环境安全预警指标体系，并明确了各指标的内涵，提出了确定军事环境安全预警指标权重的方法。选择灰色系统模型和人工神经网络模型作为军事环境安全预警的预测模型，提出了军事环境安全预警警度确定模型和数学模式。以某军港海域水质预警为例，运用人工神经网络模型，通过网络模型构建、程序设计、训练预测等步骤预测水质的变化趋势，在确定警度的基础上，得出水质的预警信息，同时根据预警结果，提出相应的调控对策，从而实现将军事环境安全预警理论运用于实践。以信息技术为支撑，实现军事环境安全的预警，初步搭建了军事环境安全预警实施的信息平台。该课题初步构建了军事环境安全预警系统，这为维护军事环境安全提供了理论依据和技术支持，对于完善军事环境安全理论体系、强化军事环境管理、维护军事安全和国家安全都有重要的意义。

六、南海某珊瑚岛屿环境安全研究

我国南海分布着众多的珊瑚岛屿，这些岛屿代表着巨大的海洋利益。随着南海岛屿建设力度的加大，南海某些珊瑚岛屿上的环境安全问题开始凸显，这对我国海洋权益的维护造成了很大的影响。课题组以南海某珊瑚岛屿为研究对象，通过资料收集、样方调查、卫星图片对比、实际监测等方法对岛屿存在的环境安全问题进行了研究，以压力-状态-响应模型（PSR 模型）作为环境安全评价体系的框架，选取了 28 个指标构建环境安全评价指标体系，通过层次分析、专家咨询与讨论等方法对岛屿的环境安全状态进行了评价，根据环境安全建设与保护的思想、原则和重点，结合岛屿的环境现状，对岛屿进行了功能区划，将岛屿分为生活和建设服务区、军事服务区及保护区。针对岛屿目前突出的环境安全问题，提出在加紧岸线侵蚀防治工程建设的基础上，加强防护林体系建设，同时对驻岛部队营区的环境问题进行综合整治，并加强对外来干扰的管理。课题研究成果对于开展珊瑚岛屿军事环境安全研究具有重要的指导作用。

七、地下军用设施环境安全对策研究

为了确保指挥工程、通信枢纽工程、导弹贮存工程、战备物资储备洞库等的可持续利用，采取有效的措施保障军用设施的环境安全是十分重要的。为此，军队组织开展了地下军用设施环境安全对策的课题研究工作。课题组分析了地下军用设施污染具有的隐蔽性、潜伏性、不可逆性、长期性和后果严重性等特点，通过调查和研究，梳理了目前军队地下军用设施环境安全面临的因改建、装修用材不当导致地下设施环境污染较重，污染治理设备陈旧、处理技术落后加重了污染等问题，从我军地下设施的实际情况出发，按照装修选材注重环保、方案设计考虑效果、更换陈旧设备、充分利用自然资源的原则，提出了有关地下军用设施环境安全问题的对策：一是统筹全局，分清主次，保证地下军用设施建设有利于部队的生存和作战；二是克服装修工程的随意性，把好装修设计关、选材关和个人意志关；三是加强环境保护管理力度，保证出环保精品工程；四是加强调查研究，消除人为造成的污染等。课题研究成果对于防治地下军用设施内部环境污染、实现环境安全具有重要的指导作用。

第四节　生态营区理论研究

进入 21 世纪，中央军委基于对国情、军情的深刻认识和对国内外发展趋势的超前洞察，从全局的高度做出了在全军开展创建生态营区的战略决策。国家环境发展战略转型与中国特色军事变革推进的双重机遇，促使我军营区进行了全方位的改革和创新。生态营区的提出是我军营区建设的一个历史性转折，是军队全面贯彻落实科学发展观，建设资源节约型、环境友好型社会的具体行动，对于切实提高官兵的生活质量，

促进官兵的身心健康，保护和提高部队凝聚力、战斗力，推动军队整体建设的全面、协调和可持续发展具有十分重要的战略意义。建设生态营区已成为贯彻落实科学发展观和推动军队全面、协调、可持续发展的客观要求和必然方向。为了推动生态营区创建活动的规范、健康、有序发展，亟需对生态营区进行深入、系统的理论分析和研究，并为军队创建生态营区提供可靠的理论基础，准确、统一的定义和可操作的指南。为此，总部下达了专项研究课题，组织全军相关领域的专家成立了生态营区理论与建设模式研究课题组。该课题组对我军各类营区展开了全面调研，走访了分布在祖国各地的上百个典型营区。课题组通过与官兵座谈、实地考察和走访地方专家等形式，对各类型营区进行了深入、细致的调查研究与论证分析，掌握了各类型营区的资料，对生态营区建设的现实需求、现实基础、现实可能性有了较为全面的了解，在此基础上开展了生态营区建设模式研究，创建了生态营区基础理论，构建了生态营区指标体系，创立了生态营区的评价模式，提出了生态营区建设和管理技术导则，从而为创建一批生态营区示范典型发挥了重要的指导作用。2006 年，军队生态营区创建工作被国家九部委作为全国十大典型之一进行了重点宣传，也作为中美军事环保交流重点项目之一受到了美方的高度评价。

一、生态营区建设理论研究

生态营区建设理论研究就是要以科学发展观为指导，以生态学等科学理论为基础，运用先进、成熟的科学技术方法，结合营区的军事特征、生态特征和文化特征，探索并形成生态营区的基本理论、建设内容、评价指标和管理机制等。为此，课题组依据生态学、环境学和军事学的基本原理，结合国外军队的经验和成果，在对“生态城市”“生态小区”等概念的各种解释进行认真学习、分析、研究和总结的基础上，提出了生态营区的定义。所谓生态营区，就是人与自然和谐相处，生态系统良性循环，居住功能、军事功能和文化功能整体协调，能够实现可持续发展的营区。从生态环境是由生物群落及非生物因素组成的各种生态系统所构成的整体，并间接地、潜在地、长远地对人类的生存和发展产生影响这一环境生态学的基本原理出发，论证得出军队营区不论规模大小，都是一个由一定的生态关系所构成的整体，而这一整体的生态功能既可直接或间接地、现实或潜在地、近期或长远地对官兵的生存、发展和营区军事功能的发挥产生影响，又会被官兵的生活、工作和军事活动所影响。从生态化即是生态环境优化的观点出发，论证提出所谓营区的生态化，就是实现营区人文、军事、自然复合生态系统的整体协调，从而达到一种稳定、有序状态的演进过程。课题组根据研究确定的生态营区的基本概念，总结了生态营区“三化一持续”的基本特征，即自然化、和谐化、人性化和可持续发展；按照生态学和系统论的观点，研究和分析了生态营区的建设内容和要求，提出了“将生态营区作为一个系统来规划和建设，将组成生态营区系统的自然环境、军事活动和单位人员这三个子系统进行有效复合，使营区的军事、居住和文化三大功能有机融合，根据系统结构决定系统功能的‘1＋1＞2’原理充分考虑系统的各种要素，形成最佳组合，发挥其最大功能”的生态营区建设方法论。该课题提出的创建生态营区的基础理论，解决了营区能否进行和实现生态化的疑惑，这对于军队生态营区的建设具有重要的理论指导作用。

二、生态营区建设模式研究

该课题组确定了生态调查样本选择的原则，研究并确定了营区生态调查的内容，选取了100余个典型营区，对营区自然条件在全境范围内进行了基础性分析，为探索生态营区建设模式奠定了基础。在充分研究和分析生态营区建设客观规律的基础上，论证和揭示了生态营区的目标阶段性、建设渐进性、发展动态性等特点，指出了绿色植物是营区生态化的基础物质条件，只有努力提高营区绿化、美化水平，解决最基本的环境污染问题，达到绿色营区标准，实现营区生态的“浅绿”化，才能在此基础上不断优化营区生态系统的各要素，在保证军事活动和官兵生活质量的前提下，使能源和其他自然资源的消耗最小化，达到人与自然和谐相处，军事活动、生活功能与文化功能整体协调，逐步实现自然化、和谐化、人性化和可持续发展的“深绿”化生态营区目标。同时，该课题组根据生态学的基本原理和营区的特殊功能要求，论证并提出了生态营区创建的基本要求：一是要突出军队特色，服务军事需要，紧紧围绕提高和保障部队战斗力这个关键环节展开；二是要遵循生态营区建设的客观规律，按照生态营区的目标阶段性、建设渐进性、发展动态性等特点，实行分级建设和分步骤实施，推动生态营区建设水平稳步提高；三是要适应部队营区的特殊功能、部队建设的特殊要求、部队管理的特殊需要，注意凸显各部队的历史传统和地域特色，坚持经济适应、简易可行。课题组还提出了现阶段生态营区建设八个方面的主要内容，即在绿色营区建设的基础上，科学编制生态建设规划，严格保护土壤、空气、水域和野生动植物等，积极开发和合理利用资源，积极预防和治理军事污染，努力提高绿地生态功能，大力推广绿色建筑技术，建立健全科学、高效的管理机制，努力培育军营特色鲜明的生态文化。此外，课题组还分析了制约生态营区建设和发展的因素，经过对实地调查资料的认真整理和研究，在对国内外生态城市、生态小区和军队营区生态环境建设典型案例经验进行分析的基础上，结合我军的实际，提出了大力依靠宣传教育更新理念、依靠法规制度有序推进、依靠科学技术提高效益、依靠人才队伍提供支撑和依靠开放发展实现跨越的生态营区建设的基本思路，提出了“科学规划，精心进行生态技术设计；治污牵引，推进生态营区工程建设；以人为本，以民为先，不断提升官兵和人民群众的满意度；突出特色，因地制宜，注重生态营区创建效益；加强协作，强化领导，依法推进生态营区不断创新发展”的生态营区建设的主要做法。

该课题组在全面调研并取得初步研究成果的基础上，选取原广州军区某炮兵师营区作为首个试点单位开展了生态营区规划和建设，从而为科学编制生态营区建设规划提供了示范，为生态营区创建理论的深化提供了实践经验，为生态营区建设的科学发展提供了样板。课题研究成果为《关于开展创建生态营区活动的通知》《关于落实科学发展观进一步加强军队环境保护与生态建设的意见》等文件的研究和制定提供了重要依据。

三、生态营区建设管理机制研究

机制体制是生态营区建设和运行的载体，只有具备良好的管理体制并进行一定程度的创新，才能促进生态营区的健康发展。管理机制建设是生态营区建设的重要环节，目的是突出自然化、和谐化、人性化和可持续发展的基本特征，研究并完善生态营区建设和管理的法规，健全生态营区建设和管理的综合决策与协调机制，建立一套详细、完备、实施性强的办事规则和操作程序。为持续推进军队生态营区创建活动，军队生态营区课题组根据《创建生态营区的实施意见》和《军队生态营区评价准则》，按照现代管理科学的基本原理，运用国际环境标准，把构成营区生态系统的人的因素、物的因素以及环境因素综合起来进行全面协调和分析；结合营区主要功能和驻用单位任务性质等营区系统内部的功能结构和状况，全面考虑营区与周围环境的差异和相互依存关系，从而对营区系统内部的各个构成部分进行有效的组织和协调；建立了有效的生态营区管理体系，提出了一套详细、完备、实施性强的办事规则和操作程序；在完成研究报告的基础上，提出了生态营区建设与管理机制的建立和运行导则，并以中国人民解放军环保绿化委员会的名义发布施行。该课题完善了生态营区建设与管理的法规和技术标准体系，形成了科学决策、协调管理、有效运行的机制，使营区的建设、管理和军事活动符合生态化要求。该课题组提出的生态营区管理机制建设方法、建设内容与步骤，为生态营区的建设与管理提供了重要的理论指导和行动指南。

四、生态营区评价模式研究

该课题组根据生态营区的目标阶段性、建设渐进性、发展动态性等特点，结合营区生态要素的广泛性、多样性以及各要素功能的互补性、分布的地域差异性等特征，研究并提出了统一的评价标准及分星级、分阶段评定的独特的生态营区评价机制，实行分步骤建设和分级别评价，将生态营区分为一星到五星 5 个级别。在充分研究和揭示生态营区各种要素共存、互补和共融的客观规律的基础上，使用层次分析法来建立生态营区评价指标体系。体系采用了树状分支的多层级结构，评价指标体系内容全面、完整，可多层次地进行评价，同时充分考虑了生态环境、军事目的、社会人文与经济效应的协调要求，既适用于系统分析或设计阶段最优方案的选择，也适用于对已建成的生态营区进行评价。鉴于体系中许多指标的不确定性和不可精确度量性，课题组在评价方法上还引进了若干模糊思维的评价方法。课题组提出了适应全军各部队和各类营区的统一的评价准则和评分标准，具体归纳出生态稳定性、生态流通性、生态和谐性、生态有序性 4 个类别，自然环境、绿化建设、资源利用、防治污染、绿色建筑、生态文化、生态规划、管理机制 8 个方面共 34 项指标，并确定了生态营区评价指标的权重。该课题组创新性地建立了生态营区建设的基本标准，这对于全军生态营区的建设和管理具有重要的指导作用。

五、生态营区建设与管理导则研究

为认真贯彻落实科学发展观，提高部队的凝聚力和战斗力，促进和保障军队建设的可持续发展，为建设资源节约型、环境友好型社会做出贡献，促进营区建设、使用和管理的各个环节、各个方面都朝着生态营区的目标努力，确保生态营区创建活动健康、稳步推进，依据《关于开展创建生态营区活动的通知》的要求，军队组织相关专家开展了生态营区建设与管理导则的课题研究工作。课题组针对现阶段生态营区建设的主要内容，依据生态学、环境学和军事学的基本原理，结合国外军队的经验和成果，在广泛研究、学习地方先进、实用技术的基础上，提出了生态营区规划编制的基本原则和规划目标，建立了生态营区规划编制和评审的程序和方法；研究并确定了生态营区环境污染防治的基本原则和基本要求，提出了生态营区环境污染预防、环境损害修复、环境污染防治、污染事故应急的实施指南；建立了生态营区自然环境建设与保护的基本原则，提出了自然环境现状评估、保护措施制定和落实、不利环境影响的避免等生态营区自然环境建设与保护的具体要求；建立了坚持系统性、科学性、人文性和功能性的生态营区绿化建设实施的基本原则，从提高绿地生态功能、增加绿地基本绿量、着力优化营区绿化结构、努力提高绿化效能等方面提出了生态营区绿化建设与管理的基本要求和实施方法。同时，该课题组提出了生态营区资源、能源合理利用的基本要求，建立了水资源利用规划、设计和管理，土地资源使用规划、设计和管理，能源开发利用规划、设计和管理，材料节约使用规划、设计和管理等生态营区资源、能源合理利用的基本原则和方法；建立了生态营区绿色建筑技术应用的基本原则，提出了生态营区绿色建筑技术应用中提高环境适应性、采用绿色建筑技术的基本要求和实施办法；明确了生态营区文化建设规划编制的主要内容、规划原则和规划送审的具体要求，从营区空间的布局规划、营区绿化的美化处置、提高其他设施的文化禀赋等方面提出了提高生态文化格调的方法和措施，建立了生态文化设施建设、营区文化资源保护、生态文化氛围营造的基本原则。除此之外，课题组还按照生态营区管理机制的建立和运行必须与部队现行管理机制紧密结合、坚持改进的原则等，提出了机制论证、生态营区评审、管理机制整体策划、管理机制的运行和实施的主要内容和要求，明确了生态环境目标、指标和方案及生态营区管理机制文件的实施、生态营区管理机制的保持和持续改进的具体方法和步骤；规定了军队生态营区评价的程序和评分细则，提供了生态营区评价的基本原则和实施指南，明确了生态营区分级管理制度。课题组先后完成了“生态营区规划编制导则研究”“生态营区环境污染防治实施导则研究”“生态营区自然环境保护实施导则研究”“生态营区绿化建设实施导则研究”“生态营区资源能源合理利用实施导则研究”“生态营区绿色建筑技术应用实施导则研究”“生态营区生态文化建设实施导则研究”“生态营区管理机制建立和运行导则研究”“生态营区评价实施导则研究”共 9 个专题技术报告，为制定军队生态营区建设与管理的实施导则奠定了坚实的理论基础，对指导军队生态营区的创建和管理具有重要的意义。

六、生态营区建设管理方法研究

随着我军新军事变革的不断深入和军事战略方针的转变，营区的内涵和功能也随之发生了变化，军队生态营区建设管理方法研究已成为新时期营区房地产正规化管理工作的重要课题。课题组针对生态营区建设，阐述了生态营区的概念、特征、类型和建设原则，分析了生态营区建设的内容和指标。根据生态营区规划的原则，分别从营区用地系统、水系统、能源系统、道路交通系统和绿地系统五个方面切入，提出了营区水系统利用和保护的主要内容，分析了道路交通系统在生态营区建设中的作用，阐述了绿地系统规划的原则，研究了生态营区各个系统规划管理的方式、方法。在分析施工质量、施工进度、工程造价、环境保护、建设效率等各个影响因素的基础上，提出了生态营区建设施工管理的目标，系统地研究了项目监理、勘察设计、施工图纸会审、施工组织设计、环境保护等方面的管理问题。从维护与管理的军事、环境和经济目标入手，将生态营区维护与管理工作分为营区正规化管理、经济管理和环境管理三部分，并分别研究了三种管理活动的特点和原则，阐述了具体的实施办法。通过对某军区装甲旅生态营区建设案例的剖析，结合生态营区建设过程，全面验证了军队生态营区建设的标准、体系、内涵和组成，从中发现并总结了生态营区的建设规律、成功经验、问题和不足，这对生态营区建设具有重要的指导作用。

七、生态营区建设对策研究

生态营区建设的内容必然会随着社会的不断进步而发生变化，必须遵循生态学的科学规律，采取符合国情、军情的科学方法，确定合理的生态营区建设原则。为此，军队环保领域的专家在对实地调查资料的认真整理和分析，对国内外生态城市、生态小区和军队营区生态环境建设典型案例经验分析的基础上，结合我军的实际情况，开展了生态营区建设对策研究，提出了坚持以人为本、坚持军队特色、坚持因地制宜、坚持注重效益、坚持系统协调、坚持工程带动、坚持全员参与和坚持创新发展等生态营区建设的基本原则，建立了科学规划、精心进行生态技术设计，强化领导、坚持齐抓共管，更新观念、营造生态营区良好氛围，科技引导、推进生态营区工程建设等现阶段我军建设生态营区的一般对策和方法。该课题的研究成果对于推进军队生态营区建设具有重要的指导作用。

八、节约型营区建设策略研究

生态营区建设要求尽可能减少不可再生能源的使用，合理利用光、风、水等可再生能源。营区绿化中，利用植物配植方式的不同，可大大减少能源和资源的消耗，包括减少灌溉用水、少用或不用化肥。不考虑维护问题的营区绿化，无论其多么美丽动人，也只能是一项非生态的工程。为此，某军队院校根据我军生态营区建设的实际情况，采用理论与实践相结合的研究方法，梳理了目前我军节约型营区建设中存在的主要问题，并在生态营区理念的指导下，系统地研究了节约型营区的内涵与外延，以及节约型营区的特点、建设原则与方法；阐述了节约型营区建设的战略指导思想、实施原则、宏观政策，形成了建设节约型营区的管理制度、管理方法和管理手段；初步构建了节约型营区的评价指标体系，提出了建设节约型营区的措施。课题成果具有一定的理论创新价值和较高的实践价值，提出的建设节约型营区的一些措施已在实践中得到应用，并取得了良好的军事效益、经济效益和社会效益。2008 年，该课题获得全军后勤学术优秀成果二等奖。

第五节 环境保护军民融合式发展理论研究

军民融合式发展战略思想，是党中央总揽党和国家事业发展全局，科学运用国防建设与经济建设协调发展基本规律的最新理论成果，是军民结合、平战结合、寓军于民思想的创新，是对我党关于富国强军战略思想的丰富。为了深入贯彻军民融合式发展战略思想，推动军队环境保护事业的可持续发展，相关部门和地方各级政府积极探索，勇于实践，大力推进环境保护军民融合式发展，在驻重点区域军队单位水污染治理、重大行动任务环境综合整治、军事区域生态保护等方面实施统一规划、专项投资、同步建设，并取得了显著成效，为环境保护军民融合式发展奠定了良好的基础。随着国家经济、社会的快速发展和军队使命、任务的不断拓展，环境保护军民融合式发展工作面临着许多新情况、新问题，比如融合的政策、融合的机制、融合的领域、融合的途径还不够广、不够完善等，这就需要加强顶层设计，搞好总体筹划，更好地指导环保绿化融合实践，促进军地环境保护整体水平全面提升。

为此，中国人民解放军环保绿化委员会组织技术力量分析了国家发展的新形势，结合军队环保绿化工作实际，在相关部门的大力支持下，通过共同研究，先后制定了《关于进一步加大军队造林绿化力度的意见》《关于进一步推进环境保护军民融合式发展的若干意见》两个推进军队环境保护和造林绿化军民融合式发展的重要指导性文件，这标志着军队环保绿化军民融合从此步入法制轨道。同时，全军环境保护管理和科研机构大力开展环境保护军民融合式发展战略研究，结合部队特点，总结融合发展的经验和主要做法，探讨融合发展的模式、机制，不断丰富和完善环境保护军民融合式发展的理论体系。

一、环境保护军民融合式发展宏观战略研究

该课题组通过调查研究，梳理了环境保护军民融合式发展实践中积累的经验和成功做法，分析了融合发展中存在的问题，按照军民融合式发展战略部署的总要求，结合军队环保绿化工作的实际情况，开展了环境保护军民融合式发展体制机制研究，构建了环境保护军民融合式发展的战略框架，提出了新形势下环境保护军民融合式发展的目标要求。环境保护军民融合式发展必须按照建设资源节约型、环境友好型社会，探索中国环境保护新道路的部署，以国家环境保护和军队现代化建设的总体要求为依据，以国家有关环境保护的政策、法规为准则，遵循统一规划、资源共享、联防联治、同步达标的原则，积极争取各级人民政府的大力支持，通过政策法规、组织机制、项目规划和整治行动的融合，不断完善融合机制，丰富融合形式，拓展融合范围，提高融合层次，实现政策规划一体化、投资渠道多元化、保障方式社会化、管理机制法制化，努力推动环境保护军地良性互动、协调发展。该课题组从深化融合机制、统筹环保设施、突出能力建设、促进资源共享、加强组织领导等方面入手，提出了11 条具体意见，为制定《关于进一步推进环境保护军民融合式发展的若干意见》提供了重要的理论支撑。研究成果的主要创新点反映在四个方面：一是固化了融合机制，把融合式发展纳入统一规划，作为一种机制确定下来。同时，还明确了建立综合协调、环保联络员、重大环境问题协调会商等制度。二是搭建了环保设施统筹框架，实现军地环保设施统筹建设，并对军队实行鼓励和优惠政策，加大军队环保专项资金扶持力度。三是理顺了环境监测入网渠道，将军队环境监测能力建设作为重要内容纳入国家“十二五”专项规划，而且还准备专项投入，给全军监测系统配备必要的监测仪器和设备，这有助于加快军地环境监测一体化步伐，促进军队环境监测能力的提高。四是优化了交流合作方式，包括畅通信息报告渠道、加强人才交流合作、加快技术成果转换等。

二、造林绿化军民融合式发展宏观战略研究

为了进一步推动军队生态建设融合式发展，中国人民解放军环保绿化委员会办公室组织相关专家开展了生态建设军民融合式发展战略研

究。通过调查研究，中国人民解放军环保绿化委员会办公室总结了全军在造林绿化等生态建设融合发展实践中取得的成绩，根据 2020 年国家造林绿化目标的要求，分析了军队生态建设融合发展存在的问题，明确了生态建设军民融合的基本原则，构建了地方支持军队的帮扶机制，即要建立主动帮扶机制、造林绿化共建机制、联防联管机制、人员培训和技术协作机制。通过机制的不断优化，切实提升部队造林绿化质量。研究并提出了军队支援地方的任务重点，例如驻三北地区部队支援三北防护林建设，海军及其他沿海部队支援沿海防护林建设等任务，搞好军队营区绿化与驻地城乡生态建设、军队三荒治理与国家荒山荒地造林、军队林木管护与林业重点工程规划相结合等工作，努力实现军队造林绿化与国土绿化、国家林业发展同步规划、同步实施、同步推进。该课题的研究成果为《关于进一步加大军队造林绿化力度的意见》的起草与制定提供了重要的理论支持。

三、环保绿化军民融合式发展对策研究

军队环保绿化工作是国家环保绿化工作的重要组成部分，关乎国家生态建设的大局。近年来，国家和军队在军民融合式发展方面做了很多探索和尝试，军队环保绿化工作也取得了长足进展，更为军民融合式发展积累了宝贵的经验。但是，环保绿化军民融合式发展还仅仅处于起步阶段，缺乏更高层次、更宽领域、更深程度的融合，缺少有力推进环保绿化军民融合式发展的对策。为此，军队组织开展了环保绿化军民融合式发展对策研究工作。通过调查和研究，军队了解了环保绿化军民融合式发展的现状，分析了军民融合式发展的意识不够强、渠道不畅通、融合发展的程度不够深等问题产生的原因，根据《关于进一步推进环境保护军民融合式发展的若干意见》的要求，提出了推进环保绿化军民融合式发展的主要对策。一是提高思想认识，注重思想“融合”，提高重视程度，加大宣传力度，强化全局意识。二是搞好顶层设计，注重统筹发展，从国家整体利益出发，站在维护国家安全和发展利益的战略高度，科学谋划军队环保绿化工作融合的目标与方向，构建体系完整、层次清晰的总体框架，并按照轻重缓急，合理设计各发展阶段的实施方案，确保融合发展整体有序、稳步推进。三是完善政策制度，注重健全机制，

充分发挥法律制度和组织机制在环保绿化工作融合发展中的导向、调控和保障作用，争取国家立法，成立专职机构，完善奖惩机制。四是发挥各自优势，注重融合双赢，要利用地方优势，促进军队环保绿化工作的发展，利用军队优势，促进驻地环保绿化工作的发展；坚持资源共享、优势互补的原则，加强人才、技术、设施等资源要素的双向交流和共享互用，充分发挥各自优势，产生最大效益。课题研究成果为新形势下在更广范围、更高层次、更深程度上推进环保绿化军民融合式发展奠定了坚实基础。

四、海洋环境保护与生态建设军民融合式发展模式研究

近年来，军队积极适应国家海洋发展战略，大力推进海洋环境保护与生态建设，利用国家和地方专项资金，建成了一大批设计理念新、示范作用强、综合效益好的污染治理和生态工程，取得了良好的军事效益、经济效益和环境效益。随着国家海洋发展战略的加速实施、建设现代营房的深入推进、后勤转型的不断深化，特别是海军正在由近海防御型向远海防卫型转变，给海洋环境保护与生态建设带来了前所未有的机遇和挑战，对深入推进海洋环境保护与生态建设军民融合式发展提出了更新、更高的要求。为此，军队组织环境保护管理与技术人员开展了海洋环境保护与生态建设军民融合式发展模式研究，按照“因地制宜、陆海统筹，突出重点、整体推进，军民融合、提高效益”的原则，提出了“建设现代营房，在生态军港创建上求融合；注重全面防范，在重点污染源防治上求融合；完善制度机制，在核与辐射环境安全监管上求融合；注重统筹建设，在溢油应急处置上求融合；加强联合执法，在海洋环境监管上求融合；紧贴保障急需，在海岛生态建设上求融合”等海洋环境保护与生态建设军民融合式发展的任务，分析了我国涉海管理部门较多、职能既分散又有交叉、协调起来难度大等不利于海洋环境保护与生态建设军民融合式发展的有效推进的现实问题，构建了具有较强顶层设计能力和横向协调能力的组织机构，进一步明确了融合内容和职责权限，理顺了工作规程和管理体制，构建了多元投入、稳定长效的经费保障机制。课题研究成果为有效改善海洋环境和生态建设质量，推动海军现代化建设全面、协调、可持续发展提供了重要的理论支撑。

五、二炮部队环保绿化军民融合创新发展模式研究

二炮部队环保绿化工作具有营区分散程度高、特种污染源多、阵地生态系统复杂、核与辐射环境监管难度大等较为鲜明的特征。该课题组针对二炮部队环保绿化工作的特征，分析了制约部队发展的环境问题，按照《关于进一步推进环境保护军民融合式发展的若干意见》的要求，研究并提出了二炮部队环保绿化军民融合创新发展的模式。一是立足解决特种污染隐患，在共建军地安全发展上求突破，通过建立联合攻关机制、联防统建机制和联控长效机制，探索建立军民融合、军地共建的长效机制的方法。二是建立核辐射安全监管体系，在遂行军地双重任务上求突破，积极吸纳军内外先进的技术和成果，利用国家和军队专项建设，进一步加强二炮部队核辐射环境安全监管和处置评估的综合能力，会商国家有关部门、地方政府建立并完善辐射环境监测力量应急救援机制，及时掌握国家及地方核事故应急辐射环境监测力量和相关资源情况，努力建立核事故应急环境监测信息通报、联合演练、业务培训和应急力量相互支援的协调机制。三是打牢阵地生态安全防线，在共筑国家绿色生态屏障上求突破，依靠并借鉴地方技术力量和成熟的管理模式，加强部队技术管理人才队伍的建设，切实做到科学养护；建立完善的协调机制，制定切实可行的预案，明确责任分工，共同确保生态安全；阵地防护林木以及草原、湿地等生态要素应纳入国家和地方的管护建设规划，防止出现重复建设的局面；按照军地融合发展路子，紧紧依靠国家专项投入，加强基础设施建设，确保管护工作健康、持久。四是以重点区域污染治理为抓手，在合作完成减排任务上求突破，积极与当地政府建立对接机制，实行归口处置；积极协调共建污水处理设施，以节省投资成本，减少重复建设，便于维护管理；按照国家和驻地减排任务，积极做好协调工作，坚持“统一规划、同步建设、同步达标”的原则，使营区环境建设再上新台阶。五是发扬我军“突击队”的攻坚优势，在支援驻地生态建设上求突破，如加强组织领导，不断强化驻地绿化意识，切实增强官兵义务植树和支援地方生态建设的自觉性、责任感；加大与驻地政府的协调力度，争取把部队营区生态绿化、荒山荒地治理、阵地林木管护等建设全部融入当地相关工程规划，确保同步实施，合力推进，按照国家、

军队的规划部署，逐步改变目前逐项争取、随机纳入、机制不畅的被动状况，努力建立健全职责明晰、分工明确、执行顺畅、运行有效的军民融合新体制。课题研究成果对于二炮部队环境绿化军民融合式发展模式的创新具有重要的指导作用。

六、省军区系统环保绿化军民融合方法研究

省军区系统作为省（自治区、直辖市）、市（州）、区（县）各级地方党委的军事部、兵役机关和军事领导指挥机关，与地方各级党委、政府有关部门和驻军各单位联系紧密，在推动环保绿化军民融合式发展中具有独特的优势。但是，省军区系统环保绿化军民融合式发展存在思想认识不够深入、观念意识不强、理解内涵不深、协调机制不够完善、人员编配不合理、资金投入不够充足、缺口经费难筹措、缺少政府扶持等问题，不能有效发挥省军区系统在环保绿化军民融合式发展中的独特作用。如何走出一条既符合军队实际，又能促进地方环保绿化工作深入发展的道路，达到双赢的局面，是当前需要解决的一个重要问题。为此，军队组织开展了省军区系统环保绿化军民融合式发展方法研究，深入探讨了环保绿化军民融合式发展的特点和问题，提出了省军区系统环保绿化军民融合式发展的方法。一是更新思想观念，强化全局意识、开放意识和共赢意识，用发展的眼光看待环保绿化军民融合式发展的推进工作。二是完善配套法规，从制度上确保环保绿化军民融合式发展有序推进。积极向上级机关和地方政府反映省军区部队的特色需求，明确省军区部队环保绿化军民融合式发展的具体内容和范围，以及相关部门的权限、工作规程和管理体制，使省军区环保绿化军民融合式发展真正做到有法可依、有章可循。结合省军区部队的实际情况和特点，积极协调地方政府部门及有关单位制定和完善环保绿化军民融合式发展相关规章、制度，进一步细化、量化环保绿化军民融合式发展措施方案，确保地方政府和上级决策部署落到实处。发挥省军区系统的牵头作用，指导所属部队积极参与驻地政府的协调工作，联合制定符合自身发展需求的实施细则，争取地方政府的全面支持，确保全区环保绿化工作齐头并进、稳步发展。三是理顺工作机制，从长远角度确保环保绿化军民融合式发展得到落实。协调地方政府将省军区部队环保绿化工作纳入驻地政府的统

一部署，做到规划上有考虑、计划上有安排、项目上有反映、投资上有支持，逐步形成军队实施、地方支持、社会参与的军民融合式发展体制。由省军区牵头设立环保绿化军民融合式发展办公室，省军区后勤部基建营房处及地方民政局、林业局等相关部门参与。按职责和任务分工协作，建立健全军地合署办公、联席会议、情况通报和跟踪反馈等制度，构建职责分明、衔接紧密的协作机制。省军区积极将部队生态环境建设工程纳入省总体规划，通过争取省财政专项建设资金的支持，弥补过去单一依靠军费投入的不足，实现由少量军费投入到国家集中投入、由单一军费投入到地方政府市政绿化环保专项投入的重大突破。省军区要会同驻地政府组织军地联合机构，制定完善的环保绿化奖惩实施细则，加大监督检查力度，坚持每季度对环保绿化工作进行检查和讲评，促进全区部队环保绿化军地融合更好、更快地发展。

七、环境监测军民融合式发展模式研究

环境监测是环境保护工作的重要基础，是环境保护军民融合式发展的重要内容。军队环境监测工作经过不断发展，在国家、军队有关部门的大力支持下，取得了显著成绩和明显进步。但由于军队编制、体制和经费所限，军队环境监测机构的仪器设备、基础设施等条件改善得并不明显，与地方环境监测机构的差距越来越大，已难以适应国家、军队赋予的使命和任务要求，因而必须紧紧抓住国家环境监测工作大转型、实现环境监测一体化的机遇，按照环境保护军民融合式发展的总体要求，开拓创新，主动作为，积极融合，自觉融入，推动军队环境监测与国家环境监测同步、协调发展。为此，军队环境监测机构根据《关于进一步推进环境保护军民融合式发展的若干意见》的要求，开展了环境监测军民融合式发展模式研究，提出了环境监测军民融合式发展的原则。一是要坚持一体化的原则，统筹考虑、统一安排，逐步实现军队和地方环境监测同步建设，同步发展。二是要坚持互利双赢的原则，充分考虑与平衡军地双方的需求和利益，努力实现各利益主体的具体目标与国家环境安全目标和谐统一，达到环境监测军地良性互动、协调发展、互利双赢。三是要坚持因地制宜的原则，紧密结合部队所在区域的自然环境特点和环境保护重点、所在地区经济发展水平以及自身使命任务和能力需求，

实事求是地确定融合发展的目标任务和内容，确保环境监测军民融合式发展的实效。四是要坚持有所为、有所不为的原则，监测对象和内容涉及重要军事机密的，必须由军队环境监测机构独立组织实施；生活污染源、医疗废水等方面的监测监督可以积极探索社会化保障模式，实现军地联合监测监督。课题组根据融合发展的总体要求，分析了当前和今后一段时期内环境监测军民融合式发展的情况，提出了在监测体系融合、监测规划纳入和监测能力建设方面实现突破的方法，结合军队实际情况，研究并提出了环境监测军民融合式发展的对策措施。一是完善环境监测军民融合式发展的法规体系，认真梳理现有法规，修改不利于环境监测军民融合式发展的条文规定，总结新经验，建立保障环境监测军民融合式发展的法规体系，实现依法融合。二是建立环境监测军民融合式发展的工作机制，成立环境监测军民融合领导小组，定期会商军民融合式发展的目标、任务、重点项目和措施，定期开展军民融合相关政策、法规、规划落实情况的监督检查，适时组织开展军地的联合监测监管，尤其在重大环境事件应急监测、重要活动环境监测保障、重点流域区域联合执法等方面建立高效、有序的联动机制。三是加强建设环境监测军民融合式发展的技术体系，高效利用国家和军队的资源，积极参与国家和地方组织的各类环境监测技术培训，加强军队环境监测专业技术人员队伍建设，逐步开展军地环境监测新技术、新方法的联合攻关，提升对军事特种污染源监测监督的能力；拓展信息交流平台，提高军地环境监测的信息化建设水平。课题研究成果对于保证环境监测军民融合式发展具有重要的指导作用。

八、外军环境保护融合式发展模式比较研究

军民融合式发展是世界各发达国家军队后勤保障能力建设的主要途径之一。军事环保是后勤保障的核心内容，我军在推进军事环保军民融合式发展的进程中，研究并借鉴了发达国家军队军民融合式发展的理论成果与实践经验，以实现我国军民融合跨越式发展。为此，军队组织专家开展了外军特别是美军环境保护融合式发展模式比较研究，探讨外军环境保护融合式发展的规律与特征，分析外军融合发展的先进经验、做法。通过对马萨诸塞州军事保护区环境恢复、埃格林空军基地周边环

境侵蚀治理、布拉格堡可持续营区建设以及美国军事放射性废弃物军民融合处置等案例的基本情况、主要做法和取得的成果进行剖析，分析了美军在环保体系建设、环保工作机制建设、环保经费投入、环保技术引进和开发等方面积累的军民融合经验，比较了我国在体制机制、法律法规、监测监管、环境执法、社会监督、科技水平和市场运用等方面与发达国家存在的差距。研究并提出了推动我军环境保护军民融合式发展的途径：一是国家要加大军事区域生态保护的投入，军队要积极争取地方政府的环保经费支持；二是国家要加快改革污染排放收费制度，军事区域污染排放应走市场化道路；三是国家要大力鼓励军队参与国际环保交流，环境保护应成为中外军事交流的重要内容。该课题的研究成果为我军制定环境保护融合发展的战略提供了重要参考。

第三章　军事环境保护法规制度研究

环境保护法规是强化环境监督、控制环境污染的重要手段之一，在加强环境管理建设方面起着十分重要的作用。军事环境保护法规是调整和规范相关主体在军事活动以及与军事有关的活动中的各种行为的规章制度的总称，以达到合理利用自然资源、防治环境污染和破坏、改善营区环境质量、促进军队建设的可持续发展、维护国家环境安全等目的。军事环境保护法规是国家环境保护法规体系的重要组成部分。加强军事环境保护法规制度建设对于维护国家环境安全、提高全军环境保护意识、保障军事活动顺利进行具有重要的作用。

军队高度重视军事环境保护法规制度的建设。经过多年的努力，我国已成为世界上制定军事环保专项法规制度较多的国家之一，制定了《中国人民解放军环境保护条例》《中国人民解放军绿化条例》《中国人民解放军环境影响评价条例》《中国人民解放军放射性污染防治条例》等军事环保条例，《军队环境噪声污染防治规定》《军队大气污染防治规定》《军队水体污染防治规定》《军队建设项目环境影响评价管理目录》《军队三荒造林工程建设管理规定》《军队环境影响评估管理办法》等多项环境保护规章制度，《肼类燃料和硝基氧化剂污水处理与排放要求》（GJB 3485A—2011）等污染物排放标准，基本形成了由环保条例、规章制度和环境标准组成的具有明显军事特色的环境保护法规体系，从而为军队环境保护与生态建设的顺利开展奠定了坚实的制度基础，对规范军队环境保护工作，促进军事环境保护管理和污染防治的规范化、法制化发挥了重要作用。在制定和颁布这些军事环境保护法规制度前，军队环境保护主管部门都会严格按照军事法规立项程序和要求，根据专项研究课题，组织相关领域的专家进行专题调研，总结军事环保法规制度的特征，探讨军事环保立法的依据和基本原则，研究相关法规制度的具体条文，解决法规制度制定过程中的关键问题，从而为新的军事环保法规的出台和实施提供重要的理论依据和技术支撑。

第一节　军事环境保护法规制度体系研究

一、军事环境保护法规制度体系构建研究

虽然军事环境保护法规制度建设取得了较大成就，但在理念、法规体系的完整性以及法规内容的可操作性等方面还存在一定的瑕疵，未达到国家和军队的总体要求。主要表现在三方面：一是军事环境保护立法理念基本停留在环境保护这一层面，还没有上升到维护国家环境安全的高度，这种立法理念显然已无法适应我国面临的严峻的环境安全形势。二是如果用维护国家环境安全的要求来衡量我国现行的军事环境保护法规制度，就会发现军事环境保护法规制度体系还不完整，尤其缺乏军队在军事训练、武器装备研发、紧急状态下以及执行作战任务中如何保护环境的具体规定。三是现行的军事环境保护法规制度采取的是“宜粗不宜细”的原则，相当一部分军事环境保护规范不够具体，操作性不强，难以对军事环境保护工作做出切实的指导。为了解决军事环境环保法规体系建设中存在的问题，军队组织开展了军事环境保护法规制度体系构建课题研究工作。

课题组基于军事环境保护法规制度的现状，通过分析美国、德国等国外军队环境保护法规制度的建设情况，提出了树立维护国家环境安全的立法理念，并根据军队环境保护法规制度的从属性、全面性、军事性、广泛性和保密性等特征，确立了国防建设同环境保护协调发展、有利于战备、军法从严和分级保密等制定军事环境保护法规的基本原则。课题组还提出了军事环境保护法规制度体系构建的基本要求：一是结合军事发展的客观现实，认识到人类社会的经济发展应与自然环境协调一致，在充分考虑军事发展及战争对可持续发展的作用后，建立健全符合军队实际的军事环境保护法规制度，以适应可持续发展和维护国家环境安全的需要。二是要最大限度地将环境保护与军事活动结合起来，使制定的

军事环境保护法规既有利于自然生态的平衡和正常化，也能适应军事活动和战备的需要，以环境质量的改善为目标，为官兵提供健康的生活空间，最终达到提高战斗力的目的，实现军事效益和环境效益的统一。三是要按照预防为主、防治结合、综合治理的基本思路，建立健全军事环境保护法规制度体系，保证军队环境保护工作的有效开展。在此基础上，课题组按照国家环保法规体系的总体架构，结合军队环境保护管理工作的特点，构建了由条令条例、规章制度、环境标准和技术规范构成的具有明显军事特色的环境保护法规体系。课题研究成果为军事环境保护法规制度体系的建设提供了重要的理论基础，对于《中国人民解放军环境保护条例》《中国人民解放军绿化条例》的修订和《中国人民解放军环境影响评价条例》《中国人民解放军放射性污染防治条例》的制定具有重要的指导作用。

二、军队核与辐射环境安全监督管理法规体系研究

加强军队核与辐射环境安全监管力度是保护官兵工作和生活环境、维护核设施安全、促进社会稳定、维护国家环境安全的迫切需要。但由于体制机制不健全、监管责任不明确、管理力量分散、管理标准不统一等问题，没有形成全军统一、合理有效的辐射污染防治监督管理机制，核与辐射环境安全监管的法规体系框架尚未建立，制约了军队对放射性污染和辐射环境的监管效能，影响了军队放射性污染防治工作的深入开展。因此，积极开展军队核与辐射环境安全监督管理法规体系研究，按照国家和军队的有关要求，分类、分级研究制定相关的法规、规章、标准、规范等，逐步形成统一规范、科学配套的军队核与辐射环境安全监督管理法规体系，为军队核与辐射环境安全监管的法规建立、机制优化、责任划分、关系协调等提供理论依据。这对于确保军事设施及其所在地周边环境的安全、保证“杀手锏”武器部队的绝对稳定和战斗力的持续提高、促进社会经济的可持续发展具有重要意义。鉴于此，中央军委加大了对核与辐射环境安全监督管理的法规体系构建的重视程度，中国人民解放军环保绿化委员会办公室下达了军队核与辐射环境安全监督管理法规体系研究任务，组织军队相关领域的专家开展了多项专题研讨工作，解决了许多法规体系构建过程中的基础理论问题。课题组系统开展

了对美军辐射环境安全管理法规机制的研究，分析了美军辐射环境安全管理法规体系构成及特点、美军辐射环境安全管理机构及执法程序、美军辐射环境安全管理法规机制及特征，完成了《美军辐射环境管理法规体系构建分析报告》。在研究国家核与辐射环境监管法规体系的构成和主要特点的基础上，分析了军队核与辐射环境安全监督管理法规体系建设的现状和存在的问题，论证了加强军队核与辐射环境安全监督管理法规体系建设的必要性，建立了军队核与辐射环境安全监管体制；针对军队核与辐射环境安全监督管理的工作内涵和特点，明确了军队核与辐射环境安全监督管理的范围和职责，提出了军队核与辐射环境安全监督管理法规体系建立的原则，指出军队核与辐射环境安全监督管理法规体系是国家核与辐射和环境保护法规体系的组成部分，是军队核安全和辐射环境安全的根本保障，是军队核与辐射环境安全监督管理的重要构成要素。科学总结了军队核与辐射环境安全监督管理法规体系应具备的技术性、系统性、协调性、稳定性和周期性等特点，提出军队核与辐射环境安全监督管理法规体系应当充分反映军队核与辐射环境安全监督管理法规的特点和特性，应当包含目前和未来一段时期内军队核与辐射环境安全监督管理的核心问题，应当充分体现军队核与辐射环境安全监督管理与各种问题群之间的关系，应当设计成一个开放性的体系结构以满足业务拓展和形势发展的需要等基本要求。界定了法规体系需要规范的对象和领域及军队核与辐射环境安全监督管理的相关领域，建立了军队核与辐射环境安全监督管理法规体系的层级分析矩阵，构建了顶层为国家相关法律，第二层为中央军委制定的条例和规章，第三层为总部制定的行政规章和技术规范，第四层为总部有关主管部门制定的规章、规范、导则和标准，第五层为军区级单位制定的细则、规定和技术要求的军队核与辐射环境安全监督管理法规体系，在此基础上完成了《军队核与辐射环境安全监督管理法规体系总体架构分析研究报告》。制定了军队核与辐射环境安全监督管理法规体系建设的十年规划，提出了“统筹规划，做到有序实施；组织力量，进行集中攻关；博采众长，减少重复劳动；遵循规律，确保立法质量；专项保障，满足经费需求；加强领导，强化组织协调”等实现法规体系建设规划目标任务的措施。课题研究成果对完善军队核与辐射环境安全监督管理法规体系具有重要的指导作用，也为《中国人民解放军放射性污染防治条例》的研究与制定奠定了理论基础。

第二节 军事环境保护条例的研究制定

军队的条令和条例是规范部队战斗、训练动作以及对全军某一方面的工作进行系统规定的军事法规；军队的环境保护条例是规范军队环境保护与生态建设工作的基础。根据国家和军事环境保护的总体要求，开展了《中国人民解放军环境保护条例》《中国人民解放军绿化条例》《中国人民解放军环境影响评价条例》《中国人民解放军放射性污染防治条例》等的制定和修订工作，不断完善和丰富了军队环境保护法规体系，从而为加强军队环境保护与生态建设提供了重要的制度保障。

一、《中国人民解放军环境保护条例》的修订研究

《中国人民解放军环境保护条例》的颁布在推动军队环境保护工作中发挥了重要的作用。但随着形势的发展和国家环境保护法规制度建设的不断完善，有些内容已经不能适应新形势的要求和军队环保工作的需要，需重新修订和完善。为此，中国人民解放军环保绿化委员会办公室组织相关专家开展了《中国人民解放军环境保护条例》修订的课题研究工作。

课题组深入部队进行调查研究，广泛听取科研、训练、仓库、医院、环境监测等单位和地方环境保护部门的意见和建议，在全面梳理了国家和军队环境保护发展现状的基础上，明确了条例修订的指导思想。研究并提出了坚持一致性、普遍适用性和可行性的工作原则，重新界定了军队环境保护的范围，扩充了军队环境保护工作的基本任务范围，目的是更好地体现全面环保的思想以及国家环境保护工作的内涵和外延要求。明确规定了军队环境保护工作的组织管理体系、领导关系、各级环保绿化委员会及其办公室、环境监督监测机构、各级机关有关部门的环境保护工作职责，使分工更加清晰，责任更加明确，为理顺工作关系、依法实施管理提供了依据。规范了军队所有单位和人员的环境保护义务，明确军队所有单位和人员都有在符合标准的环境中工作和生活的权利、对

环境质量知情的权利及获得环境损害补偿的权利，体现了环境保护、人人有责及以人为本的理念。明确了军队各级环保绿化委员会办公室和环境监督监测机构在军队环境保护工作中应实施的执法监督职能，有利于提高军队环境保护管理的权威性，减少一些因地方部门越权执法而产生的矛盾。对治理污染的有关规定进行了整合和补充，有针对性地确认了一系列行之有效的管理制度，加大了对军队特殊污染防治的监管力度，明确了军队污染治理的原则、责任、措施和要求等。新增了建立军地环境保护协调机制、协调军地环境保护有关工作的规定。根据军队环境保护工作的实践经验和一些部队、单位的建议，新增了环保教育与科研的有关内容，对军队环境保护的宣传、教育、科研和人才培养等进行了规定。课题组在此基础上完成了《中国人民解放军环保条例修订研究报告》，为《中国人民解放军环境保护条例》的修订提供了重要的依据。

二、《中国人民解放军绿化条例》的修订研究

《中国人民解放军绿化条例》的施行在推动军队绿化工作方面发挥了重要作用。但随着形势的发展和国家生态建设与保护的法规制度建设的不断完善，有些内容已经不能完全适应新形势的要求和军队绿化工作的需要，因此该条例需重新修订发布。中国人民解放军环保绿化委员会办公室组织专家开展了《中国人民解放军绿化条例》修订的课题研究工作。

课题组反复征求全军各方意见，深入部队进行调查研究，梳理了国家和军队生态建设的发展状况，分析了条例修订的必要性，明确了研究此次修订的指导思想，按照一致性、适用性和可行性的原则开展修订工作，进一步明确了军队绿化工作的含义，使该条例能更准确、更恰当地体现国家生态保护工作的内涵和外延。对军队绿化工作的组织管理体系、领导关系、各级环保绿化委员会及其办公室、环境监督监测机构、各级机关有关部门的绿化工作职责进行了明确规定，使分工更加清晰，责任更加明确。新增了绿化规划与计划相关内容，使军队绿化建设的管理更加规范。重点强调了军队单位组织训练、演习等军事活动对绿化资源的损害，提出了应及时恢复被损坏的绿化资源的要求，使绿化资源的保护更加有效。课题组在此基础上完成了《中国人民解放军绿化条例修

订研究总结报告》，为《中国人民解放军绿化条例》的修订和完善提供了重要的依据，对于进一步推动全军绿化工作、建设绿色生态营区、改善官兵生活质量、增强部队凝聚力和战斗力具有重要的现实意义和深远的历史意义。

三、《中国人民解放军环境影响评价条例》的制定研究

环境影响评价是为了预防环境污染和生态破坏，寻求最佳对策以减少对环境的不良影响的评价体系，可为环境决策提供科学依据。随着军队武器装备的发展、战场建设水平的不断提高以及军事训练等军事活动范围与规模的不断扩大，军队环境建设和保护工作面临日益严峻的形势。开展环境影响评价工作并严格执行有关制度，是从根本上预防或减轻军队建设和军事活动对环境可能造成的污染和破坏的基本措施，也是军队贯彻落实科学发展观，推动军队建设全面、协调、可持续发展的客观需要。经过多年的实践，军事环境影响评价已经积累了一定的经验，逐步形成了主要依靠军队相关专业机构、注重借助地方上合格的评价力量，主要依据国家相关导则，结合军队有关规定开展军事设施工程建设项目的环境影响评价，主要依靠军队环境监测机构进行环境影响评价的具有军队特色的军事环境影响评价的路子。军事环境影响评价工作正在逐步规范化，军事环境影响评价的力量正在不断壮大，技术水平也在不断提高。环境影响评价制度在军事环保领域的有效实施，对于推进军事设施项目满足战备需要、优化工程选址、预防和减少可能产生的环境污染和损害等发挥着积极而重要的作用。但是由于军事设施建设项目性质特殊，保密性强，一般都具有战备急需、工期紧迫、技术复杂、经费紧张等特点，加之军队专门的环境影响评价力量不足，缺乏符合军队客观情况的管理模式和相对独立的法规制度，军地对军事环境影响评价的管理和文件的审批关系不顺等原因，这些因素在一定程度上影响和制约了军事环境影响评价工作的深化和发展，使我国的军事环境影响评价工作与国家的要求存在差距，主要包括制度执行相对滞后、技术力量相对滞后、技术手段相对滞后等。此外，军队环境影响评价工作的管理模式还不够合理，部门合力尚待形成，适用技术还不够完善，评价机构和人才队伍亟待加强，亟须加快建章立制，依靠制度推进，理顺工作关系，扩

大评价范围，加快人才培养，推进机构建设，扩大合作交流，强化科学研究。为此，中国人民解放军环保绿化委员会办公室组织专家开展了《中国人民解放军环境影响评价条例》（以下简称《环评条例》）的研究制定工作。

课题组历时将近两年时间，反复征求了各大单位有关部门的意见，深入部队开展了专题调研，广泛听取了部队和地方环境保护部门的意见和建议，提出了制定《环评条例》的指导思想，明确了制定《环评条例》的基本原则。一是一致性原则。做到与国家法律法规相统一，与军队相关法规相配套，避免重复交叉，力求系统科学，确保《环评条例》的顺利实施。二是适用性原则。环境影响评价涉及军队建设与发展的诸多方面，《环评条例》必须适应各部门、各单位进行环境影响评价工作的实际需要。三是可行性原则。坚持从实际出发，力求具体可行，做到既贯彻国家法律法规的基本精神和原则，又符合军队的特殊情况。通过研究明确了《环评条例》的立法依据，界定了军队环境影响评价的内涵、范围和主要内容，明确了军队环境影响评价的原则和主管部门，规定了规划、计划和建设项目环境影响评价的内容和程序，评价机构资质和人员资格的监督管理机制，奖励与处分的具体内容等，建立了一套既符合军队实际又符合国家有关法律法规要求的环境影响评价管理制度，并在此基础上完成了《中国人民解放军环境影响评价条例制定研究报告》，为《环评条例》的制定提供了重要的依据，对于规范军队环境影响评价工作、优化军队环境影响评价管理机制、强化军队环境保护工作管理效能、促进军队建设可持续发展具有十分重要的指导作用。

四、《中国人民解放军放射性污染防治条例》的制定研究

随着国家利益的拓展和军事斗争准备的深入，我军的涉核设施和装备的发展速度不断加快，核战备训练强度不断加大，核技术利用的范围不断扩展，各类放射源和射线装置种类多、数量大，加之我军部分核装备和核设施超期服役，系统设备老化，各类放射性污染问题突出，发生放射性污染事故的概率大大增加。因此，迫切需要制定相关法规，以加强对军队放射性污染防治工作的监管力度，加快军队放射性污染防治工作的步伐，避免和减少辐射污染事故，确保核设施、核装备和军事区域

辐射环境安全。根据中央军委决策，制定军队放射性污染防治相关法规，是我军加强核安全管理和放射性污染防治工作的重要举措，也是实现我军正规化建设的一件大事。为贯彻落实中央军委关于加强军事核安全和放射性污染防治工作的重要指示，建立健全军队放射性污染防治和辐射环境安全监管工作法规制度，原总后基建营房部组织专家开展了《中国人民解放军放射性污染防治条例》制定的课题研究，先后完成了军队放射性污染防治条例基础理论研究、军队核技术利用放射性污染防治法规制度建设研究、军队核设施放射性污染防治法规制度建设研究、军队放射性废物管理制度建设研究、军队放射性污染防治监督管理研究、军队涉核装备放射性污染防治法规制度研究等专题研究报告，从而为条例的起草奠定了坚实的理论基础。

1．军队放射性污染防治条例基础理论研究

坚持从实际出发，把握规律，讲求科学，是做好军队放射性污染防治和辐射环境安全监管工作的重要前提。为了保证《中国人民解放军放射性污染防治条例》制定的科学性，有必要针对条例制定过程中亟须解决的基础理论问题开展研究。为此，中国人民解放军环保绿化委员会办公室按照条例制定的总体要求，组织相关专家开展了放射性污染防治条例基础理论专题研究。该课题组根据军队放射性污染防治的实际情况，科学界定了核设施、核装备、核技术利用、放射性污染、放射性同位素等军队放射性污染防治和辐射环境安全监管的有关概念的内涵，研究提出了“预防为主，防治结合；统一监管，分工负责；科学防治，注重实效；以人为本，安全第一；依托国家，避免重复”等军队放射性污染防治和辐射环境安全监管的基本原则；提出了“防治放射性污染，保护生态环境，保障人体健康，维护核设施安全，确保核威慑力持续增强，促进核战斗力持续提高”的军队放射性污染防治和辐射环境安全监管工作的基本任务；分别明确了涉核单位，环境保护主管部门，司令、政治、后勤、装备机关以及其他有关部门的基本任务和职责。课题研究成果为《中国人民解放军放射性污染防治条例》的制定提供了重要的理论依据，对于科学界定军队放射性污染防治规范的范围、增强条例的针对性和操作性、切实提高监管效能等具有重要意义。

2．军队核技术利用中的放射性污染防治法规制度建设研究

核技术利用是军队涉核工作的一个重要方面，包括放射性同位素和射线装置两部分。军队高度重视对放射性同位素和射线装置的监管，在长期的使用和管理过程中摸索出了一些有效的规章制度，初步具备了基本的防治与监管技术力量，在放射性同位素和射线装置监管、防治放射性污染事件发生的过程中发挥了重要作用。但这些管理方法、规章制度、技术力量都是各单位长期工作经验的总结，没有从全局的高度看待放射性同位素与射线装置监管问题，在科学合理性和系统有效性上还有待提高。为了加强军队核技术利用中的放射性污染防治法规制度建设，提高放射性同位素和射线装置的监管水平，中国人民解放军环保绿化委员会办公室组织专家开展了军队核技术利用的放射性污染防治法规制度建设的课题研究。课题组通过调查研究，分析出军队放射性同位素和射线装置具有涉及单位广、接触人员多、使用频率高、绝对数量大等特点；掌握了放射性同位素和射线装置目前整体受控情况良好、基本没有产生放射性污染的现状；分析了军队缺乏放射源统一监管体系，缺乏切合军队实际情况的法规或标准的指导和规范，废旧放射源无最终处置渠道，缺乏军地沟通和衔接的机制等问题；在研究分析国内外核技术利用管理现状的基础上，明确了军队核技术利用的放射性污染防治中的职能分工，理顺了监管关系，提出了涉及放射源和射线装置的审批、备案和台账管理，放射源和射线装置保管、使用与维修，以及放射源和射线装置报废与处理等方面的制度和方法；研究总结了以防为主、防治结合的放射性同位素与射线装置的放射性污染防治原则，提出了加强监管体制、法规标准、技术力量建设的要求，建立废旧放射源回收处理机制，进一步增强与国家环保部门的协调，建立监管衔接机制等建议。课题研究成果为《中国人民解放军放射性污染防治条例》的制定提供了重要的依据。

3．军队核设施放射性污染防治法规制度建设研究

近年来，在军队各方的高度重视下，军队核设施放射性污染防治能力得到了很大的提高。但是由于法规制度不健全、管理漏洞、技术缺乏、经费不足等各方面原因，军队核设施中仍然存在一些潜在的放射性污染因素，因此很有必要加强顶层设计，全盘考虑，通过建立健全相关体制机制，加强军队核设施的放射性污染防治工作。为此，全军环办组织开

展了军队核设施放射性污染防治法规制度建设的课题研究工作。课题组通过对涉核单位调研，掌握了军队核设施产生的放射性污染对环境的影响和这类污染的防治现状，从贯彻国家放射性污染防治法律法规、加强军队环境保护、指导基层军队开展放射性污染防治工作三个方面，提出了加强对军队核设施放射性污染防治立法建设的必要性，从国家相关法律和管理经验支撑、军队相关法规规定和管理经验支撑、部队污染防治基础设施建设支撑和军队环保法规制度建设技术的力量支撑等角度，论证和分析了军队放射性污染防治法规制度建设的可行性，明确了核设施放射性污染防治立法应遵循的基本原则，分析了军队放射性污染防治法规制度应规定的基本内容，研究提出了六项建议，即严格执行环境影响评价制度，正确选择核设施厂址；加强对核设施建造、运行、退役的管理，严格落实许可证制度；实施“三同时”与验收制度；加强监督检测，确保核设施对环境的辐射安全；建立健全核事故应急制度；科学划定环境安全限制区。课题研究成果为《中国人民解放军放射性污染防治条例》的研究制定提供了重要的理论支撑。

4．军队放射性废物管理制度建设研究

为了加强对军队放射性废物的管理，提高有关部队放射性废物的接收、贮存和处理的水平，保证广大官兵和周边居民的人身安全，全军环保绿化委员会组织相关领域的专家开展了军队放射性废物管理制度建设的课题研究工作。课题组开展了广泛的调查，分析目前部队放射性废物的主要来源，掌握了部队放射性废物的基本情况，主要包括：军队产生的放射性废物种类多、成分复杂、数量巨大，涉及的部队范围广；全军大部分放射性废物产生单位均配有相应的处理、减容设备，所产生的放射性废物均将得到处理和贮存，未对环境造成明显危害；全军放射性废物产生单位均按各自的特点，制定了相应的规章制度，保证了放射性废物管理可控且有序进行，但存在运行、管理和监管体制不顺等问题。课题组还分析了军队放射性废物管理存在的运行监管体系不一、管理与处置渠道不畅以及处理系统与装备的可靠运行无法保障等问题，在全面分析国内外放射性废物管理现状的基础上强调了加强军队放射性废物管理的必要性，从构建军队放射性废物管理的法规制度体系、从业人员的资格认证制度、污染防治新技术的研究、环境辐射监测能力建设、相关环境保护标准制定、环境辐射影响评价体系、经费保障、放射性固体废物定期移交机制等方面提出了加强军队放射性废物管理制度建设的建议。课题研究成果为研究制定《中国人民解放军放射性污染防治条例》提供了重要的理论依据。

5. 军队放射性污染防治监督管理研究

放射性污染防治的监督管理是放射性污染防治工作的重要环节，是维护环境安全和保护环境的重要组成部分。认真总结军队放射性污染防治监督管理的经验教训，探讨研究放射性污染防治监督管理的有关问题，对于理顺管理体制和规范监管行为，加强法规建设，有效推进军队放射性污染防治工作的开展等都具有十分重要的意义。为了提高军队放射性污染防治的监督管理水平，全军环办根据《中国人民解放军放射性污染条例》研究制定的总体要求，组织相关专家进行了军队放射性污染防治监督管理体制建设的课题研究。课题组全面分析了军队放射性污染防治工作中存在的问题，如监督管理机制不顺畅、管理制度不健全、监管力量薄弱和放射性废物处置协调机制尚未建立等，通过对国内外及军内外放射性污染防治监督管理问题的研究分析，总结了军队放射性污染防治监督管理的主要特点和要求，即既要归口统一监管，又要兼顾原有体制；既要确立监管制度，又要加强力量建设；既要构建内部互通渠道，又要建立外部协调机制。研究提出了建立由军队环境保护行政主管部门牵头，联合其他业务部门实施监督管理和协调的机制，应配备技术力量，加强监督管理，建立系列的监督管理制度，规范监督管理行为，出台与军队相适应的放射性污染防治标准的制定和发布规定等，加强对军队放射性污染监督管理的对策和建议。课题研究成果为《中国人民解放军放射性污染防治条例》的制定提供了重要的参考。

6. 军队涉核装备放射性污染防治法规制度研究

为了加强军队放射性污染防治法规体系建设，提高军队涉核装备放射性污染防治的监管水平，有效地控制涉核装备的稳定运行，保障官兵、公众和环境的安全，军队组织有关专家开展了“军队涉核装备放射性污染防治法规制度建设”的课题研究。课题组通过到部队及地方有关涉核单位的调研，基本掌握了我军涉核装备放射性污染的来源和装备使用中管理还不规范、装备退役报废后处理处置规定不够明确、涉核装备研制定型没有开展环境影响评价等装备核辐射管理现状，研究分析了我军涉核装备的放射性污染防治存在的法规和标准不健全、污染防治措施存在不足、部队监管机制尚未建立等问题，开展了外军装备放射性污染管理法规制度的比较研究，充分阐述了加强军队涉核装备放射性污染防治法规制度建设的必要性和可行性，建立了军队装备全过程污染防治的原则，提出了军队装备在预先研究和型号研制过程中应充分考虑在使用阶段的放射性污染问题，应尽量减少采用可能对环境造成污染的材料、元器件等，并对全过程实施污染防治管理，以减量化、预防为主，防治并举的原则管理军用装备的辐射污染等建议，从核装备研制、核装备试验、核装备使用、核装备贮存、核装备运输、核装备修理、核装备退役报废、环境影响评价要求、环境安全监测监督、环境污染事故应急与处置等方面论证了加强涉核装备放射性污染防治的措施。课题研究成果为《中国人民解放军放射性污染防治条例》的研究制定提供了重要的依据。

7．军队放射性污染防治条例制定研究

课题组在完成了多个专题研究报告的基础上，全面分析了国家及军队放射性污染防治的现状，提出了条例制定的必要性：一是贯彻执行国家有关法律法规的需要；二是确保军队辐射环境安全的需要；三是规范军队放射性污染防治监管工作的需要。课题组研究提出了起草条例的指导思想和基本原则，规范了军队放射性污染防治工作的适用范围、管理体制、工作职责、放射性污染预防与治理等；通过研究，明确了原总后勤部主管全军放射性污染防治工作，原总参谋部、原总政治部、原总装备部按照职责分工，负责全军放射性污染防治的有关工作；根据放射性污染的特点和预防为主的原则，明确了核设施监管的环境影响评价制度、辐射环境安全许可证制度、放射源登记备案制度等；为有效治理放射性污染、尽快消除污染隐患，规定了军队放射性污染治理的原则，明确了防治标准要求，对放射性“三废”和废旧放射源的处置等做出了具体规定，对核事故、辐射事件应急中的放射性污染消除、环境恢复以及污染治理效果的监测评估等，做出了明确要求；为了从源头上控制放射性污染，实现全过程监控、防治放射性污染的目的，提高放射性污染防治工作效能，规定“预防为主、防治结合，统一监管、分工负责，严格管理、安全第一”的原则，军队放射性污染防治必须严格执行国家、军队有关标准，实行放射性标识警示制度、资格资质管理制度和监督检查制度；对建立和加强军队放射性污染监测体系建设和放射性污染防治设施管理等也做出了明确规定；明确了放射性污染防治军民融合式发展与军地协调机制等，在此基础上完成了《军队放射性污染防治条例（草案）制定研究报告》。课题研究成果为《中国人民解放军放射性污染防治条例》的制定提供了重要的指导，对于通过立法落实军队放射性污染防治责任，规范管理行为，推动防治工作，协调军队与国家相关工作的关系，确保核设施、核装备和涉核单位的环境安全等都具有十分重要的意义。

第三节　军事环境保护管理制度研究

按照《中国人民解放军环境保护条例》的规定，军队环境保护主管机构对军队环境保护工作实施统一监督与管理，具有“贯彻并监督执行国家和军队有关环境保护的方针、政策、法规和标准，制定本单位、本部门环境保护法规、规章、标准和实施办法，并实行有效的监督检查”的义务。为了保证军事环境保护管理制度制定的科学性，军队组织专家开展了大量专题研究工作，为军队各级部门研究制定环境污染防治、环境治理工程建设、生态环境建设、环境影响评价、环境监测监管等环境管理制度提供了重要的理论支撑。

一、环境污染防治管理制度研究

1．军事区域水环境污染防治管理制度研究

军队高度重视军事区域水污染的治理工作，20 世纪 90 年代，全军环保绿化委员会办公室组织军队环保科技人员，启动了军事区域水污染治理策略的专项研究工作。课题组通过大量的调查研究，分析了军事区域废水产生和排放的特征，结合军队污染源普查，全面掌握了军事区域废水产生量、废水种类和水环境污染现状，按照国家、军队环境保护的目标、任务，研究制定了军事区域水污染治理的指导原则、法规和标准，形成了“因地制宜、重点区域优先、节水与中水回用、处理工艺简便与经济、特种废水单独预处理”的军事区域营区水环境污染治理策略，明确了军事区域水污染治理管理的主要内容、方法和管理部门的职责。课题研究成果为制定《军事区域水环境污染治理管理规定》提供了重要的理论指导。

2．部队野外驻训环境污染防治管理规定研究

部队在野外驻训期间，会产生污水、粪便、垃圾等污染物，这将造成环境污染，影响官兵的身体健康，并可能导致部队非战斗减员。加强野外驻训环境污染防治工作的管理对于防止、减轻或消除部队驻训期间产生的污染物对环境的污染和破坏具有重要作用。为此，军队组织开展了部队野外驻训环境污染防治管理规定的课题研究工作，通过分析部队目前在野外驻训过程中存在的环境污染问题及原因，参考其他国家军队环境保护的先进经验，结合部队实际，提出了解决部队野外驻训环境问题的对策措施：一是通过制定环境保护预案，开展环境监测和环境影响评价，找出各种活动对环境产生影响的规律，为以后的工作提供准确的依据；二是加紧研制并配发野营污水处理房舱、野营垃圾无能耗热解箱、野营生态环保厕所、厕所房舱等野营环保类装备，将污水处理后达标排放，将垃圾、粪便及时进行无害化处置，消除污水、垃圾、粪便等对环境的污染；三是加强环保宣传、教育，提高官兵的环境保护意识，充分利用动员会、政治学习或训练间隙等各种场合，开展官兵的环境保护知识教育，教育官兵不乱扔垃圾，不乱排污水，不随地大小便，养成爱护环境的习惯，爱护环境保护装备，维护好野营厕所、垃圾、污水处理等环保装备，使其发挥最大效益。在此基础上，军队研究提出了加强部队野外驻训环境污染防治管理的主要方法，明确了各级管理部门的职责。课题研究成果为制定《部队野外驻训环境污染防治管理规定》提供了重要依据。

3．军队环境噪声污染防治管理制度研究

为了加强军队环境噪声污染的防治，保障全体官兵和人民群众有良好的工作和生活环境，保护人体健康，军队组织相关专家开展了军队环境噪声污染防治对策措施研究，分析了军队环境噪声的来源，建立了噪声污染防治的基本原则，研究提出了噪声污染防治的措施，明确了噪声管理部门和监测部门的职责，对噪声污染监督管理机构、监测方法、防治措施做出了明确的规定，对防治环境噪声污染做出显著成绩的单位、个人以及违反规定的处罚方法都做出了相关说明。课题研究成果对于

《军队环境噪声污染防治规定》的制定具有重要的指导作用。

4．军队企业环境保护管理办法研究

为加强军队企业环境保护管理，保障企业人员身体健康，促进生产发展，根据《中华人民共和国环境保护法》和《中国人民解放军环境保护条例》的有关要求，军队组织专家开展了《军队企业环境保护管理办法》制定的课题研究工作。课题组全面调查了军队企业化工厂、军办工厂、在编修理机构和宾馆、饭店、服务行业等单位环境保护工作的现状，分析了当前存在的问题，研究提出了军队企业环境保护工作“预防为主、防治结合，治管并重，讲求实效，保障战备”的方针和“谁污染，谁治理”的基本原则，明确了军队企业环境保护的基本任务、环境污染防治的主要措施以及环境监督管理的主要方法。课题研究成果为制定《军队企业环境保护管理办法》提供了重要的依据。

5．海军军港及舰艇防止污染管理制度研究

为保护军港环境，防止军港污染，实施对舰艇排污的监督，保护区域生态环境，依据《中华人民共和国海洋环境保护法》和国家有关的环境保护法规，军队组织开展了海军军港及舰艇防止污染管理制度的研究制定工作。课题组通过全面调查分析海军军港和舰艇防治污染现状，根据国家和军队环境保护的总体要求，明确了海军所辖军港及海军舰艇的防污监督管理机构以及海军各级环办、军港监督环境监测站的职责与分工，规定了废水排放、废弃物弃置、消油剂使用的原则与要求，规定了陆源管理、排污口设施及管理、海岸工程实施方法、军港防污设施要求，明确了各类舰艇防污文书和设备及性能要求，舰艇排污原则，港内排污要求，油类污染物接收规程，油类作业、修船作业、拆船作业过程中的污染防治要求，舰艇污染事故处理方法，规定了舰艇污染军港以外水域排放油污水、处理垃圾等要求，对防止外来舰艇、地方船舶进入军港水域产生污染提出了相关的管理办法。同时，课题组明确了污染事件的发现和报告、处理污染的措施、调查取证、污染赔偿、清除污染的相关内容，违反规定造成污染的个人及产生的处罚措施。课题研究成果为制定《海军军港监督环境监测工作规范》《海军军港监督监测通报制度》《海军舰艇油类污染物记录簿登记制度》《海军舰艇油污水排放申报程序》《舰艇垃圾分类回收集中处理实施细则》和《海军军港及舰艇防止污染管理规定》等规章制度提供了重要的理论指导。

二、环境治理工程建设管理制度研究

1．军事区域专项环境污染治理工程建设管理办法研究

为了加快军事区域环境污染源治理，规范军事区域专项环境污染治理工程的建设管理工作，合理使用专项投资，提高社会效益和环境效益，2004年军队组织开展了《军事区域专项环境污染治理工程建设管理办法》的研究制定工作。该课题组明确了军事区域内国债投资的环境污染治理工程建设项目的主要形式，研究提出了专项投资实行分户存储、独立核算、专款专用的环境污染治理工程专项建设的管理制度，对军事区域环境污染治理工程的建设管理及其有关工作的审批手续、施工监管、运行、拆除做出了严格的规定。课题研究成果对于《军事区域专项环境污染治理工程建设管理办法》的制定具有重要的指导作用。

2．军队环境污染治理设施使用管理办法研究

军队环境污染治理设施是指军队单位为防治废水、废气、辐射、固体废物等污染物对环境造成的污染，所建成的各类处理、处置、净化、控制、再生利用设施及相关配套设备。为了规范军队环境污染治理设施的使用管理，根据《中国人民解放军环境保护条例》，2009年，军队组织专家开展了《军队环境污染治理设施使用管理办法》的研究制定工作。该课题组规范了军队环境污染治理设施的使用管理，明确了军事区域内所有环境污染治理设施的运行方式、管理体制、执法监督等具体的管理规定。课题研究成果为《军队环境污染治理设施使用管理办法》的制定提供了依据。

3．军队环境污染治理工程建设项目管理导则研究

为指导军队环境污染治理工程建设项目的管理工作，确保工程建设质量和效益，根据《中国人民解放军环境保护条例》《中国人民解放军工程建设管理条例》和《军事区域专项环境污染治理工程建设管理办法》，2004年全军环保绿化委员会办公室组织专家开展了《军队环境污染治理工程建设项目管理导则》的课题研究。课题组研究提出了污染治理工程设施新建、改建、扩建项目实施管理的通用要求，明确了污染治理工程项目组织管理的主体、形式，监督、监测、验收的主体及其相应

的职责，规定了工程前期各类工作内容及审批部门，提出了可行性论证报告、污染治理项目工程技术设计文件的主要编制内容，对承担军队污染治理工程项目建设的施工单位和为军队污染治理工程项目提供相关治理设备的供应商提出了严格的规定，明确了污染治理项目验收监测的主管部门、验收手续、验收内容和相关要求。课题研究成果对《军队环境污染治理工程建设项目管理导则》具有重要的指导作用。

三、生态建设管理制度研究

1．军队三荒造林工程建设管理规定研究

根据《退耕还林条例》和《中国人民解放军绿化条例》的有关要求，2003 年军队组织专家开展了《军队三荒造林工程建设管理规定》的研究制定。该课题组建立了军队三荒造林工程建设管理工作应当遵循“统筹规划、分级负责，因地制宜、种管结合，突出重点、注重实效，分步实施、稳步推进”的原则，明确了三荒造林工程的建设范围及全军环保绿化委员会的职责，规定了各类工程建设项目的审批权限，实施方案与作业设计的制定方式，造林与管护的方式，验收的方式。课题研究成果为《军队三荒造林工程建设管理规定》的制定提供了依据，这对于规范军队三荒造林工程建设管理、确保三荒造林工程建设质量具有重要的指导作用。

2．军队三荒造林工程建设项目检查验收办法研究

为了规范军队三荒造林工程建设项目检查验收工作，确保三荒造林工程投资效益，根据立法计划，军队组织开展了《军队三荒造林工程建设项目检查验收办法》的研究制定工作。课题组分析了制定出台《军队三荒造林工程建设项目检查验收办法》的必要性，提出了办法制定的指导思想和原则，明确了各类工程的验收主管部门及其职责，建立了前期准备、施工组织实施、建设质量、经费使用与管理、工程档案管理等验收指标，对检查验收人员提出了严格要求，对工程质量奖励与处罚做出了详细说明。课题研究成果为《军队三荒造林工程建设项目检查验收办法》的制定提供了依据，这对于规范军队三荒造林工程建设项目管理、推动军队三荒造林的向前发展具有重要的作用。

3．军事管理区森林生态效益补偿基金管理办法研究

为了规范军事管理区森林生态效益补偿基金管理，提高资金使用效益，根据国家和军队的有关规定，2007 年，原总后勤部组织开展了《军事管理区森林生态效益补偿基金管理办法》的制定课题研究。课题组明确了森林生态效益补偿基金的来源和用途，研究确定了森林生态效益补偿基金的补助标准和使用范围，明确了森林生态效益补偿基金实行专项管理、专款专用、集中使用、分账核算的管理制度，同时规定了承担管护任务的单位经费申请方法、经费管理要求。课题研究成果为《军事管理区森林生态效益补偿基金管理办法》的制定提供了基本的依据。

4．军事管理区草原建设与保护管理制度研究

我国生态环境建设的不断发展对军队草原建设与保护提出新的更高的要求。为了服务国家生态建设大局，进一步做好军队草原建设与保护工作，根据军委立法计划，原总后勤部依据《中华人民共和国草原法》《中国人民解放军军事设施保护法》和《中国人民解放军绿化条例》，组织军地有关专家开展了《军事管理区草原建设与保护管理规定》课题的研究起草工作。课题组通过分析国家、军队生态建设发展的形势和强化军队草原保护工作的必要性，提出了加强军事管理区草原建设与保护管理的指导思想与基本原则，明确了军事管理区草原建设与保护的适用范围，规定了军队草原建设与保护工作的组织管理体系及工作职责，提出了军事管理区草原建设与保护计划编制与管理的有关要求，明确了军事管理区草原建设与保护的质量标准、技术规范，草原建设与保护年度实施方案的组织施工的方式，提出了军事管理区草原与保护项目检查验收方式及相关要求。课题研究成果为《军事管理区草原建设与保护管理规定》的制定提供了重要依据，这对于进一步规范和强化草原建设与保护工作，推动军队草原保护的持续健康发展具有重要的作用。

四、环境影响评价管理制度研究

《中国人民解放军环境影响评价条例》的颁布和实施为优化军队环境影响评价的管理机制和工作方法、推进军队环境影响评价工作的法制化和规范化提供了重要的依据，但尚缺乏与条例配套的法规制度，不利于军队环境影响评价工作的有序开展。为此，全军环保绿化委员会办公室组织专家开展了专题论证，按照《环评条例》的要求开展了环境影响

评价条例配套法规制度的研究，先后研究制定了《军队建设项目环境影响评价管理规定》《军队环境影响评价机构和人员管理办法》《军队环境影响评估管理办法》等环境影响评价管理法规制度，进一步规范了军队环境影响评价工作。

1.《军队建设项目环境影响评价管理规定》

由于军事设施建设项目性质特殊，不能照搬地方建设项目环境影响评价管理办法来规范军队建设项目环境影响评价管理工作，必须建立符合军队客观情况的管理模式和相对独立的法规制度。为此，根据《中国人民解放军环境影响评价条例》的具体要求，全军环保绿化委员会办公室组织军队专家开展了军队建设项目环境影响评价管理办法课题的研究工作。课题组通过大量的调查研究，分析了军队建设项目环境影响评价的特点，总结了军队建设项目分类评价、按级负责、全程监管、注重实效的原则，根据军事设施项目特点提出了军队建设项目类别的分类办法，研究制定了《军队建设项目环境影响评价分类管理名录》，提出了主管机关的职责和管理要求，明确了环境影响评价文件的内容格式与编制要求，对报批时限、审批权限、申报要求、技术审查、批准形式、重新报批、实施要求、监管要求、跟踪监测、后评价、环境监理、环保验收、检查监督、报告制度、经费保障等均做出了具体规定，研究制定了《军队建设项目环境影响报告表》《军队建设项目环境影响登记表》《军队建设项目环境影响评价报审表》格式，以及《军队建设项目环境影响评价许可证》式样，在此基础上，完成了《军队建设项目环境影响评价管理规定》的研究制定，用以规范全军建设项目环境影响评价管理工作。

2.《军队环境影响评价机构和人员管理办法》

对环境影响评价实行分类管理、资格审核和从业人员持证上岗制度，是环境影响评价制度的重要内容。军队环境影响评价是一项政策性强、专业技术涉及面广的工作，同时它还必须承担相应的经济、军事和法律责任。因此，为了规范军队环境影响评价机构和人员的管理工作，提高环境影响评价工作质量，根据《中国人民解放军环境影响评价条例》的有关规定，全军环保绿化委员会办公室组织军队专家开展了《军队环境影响评价机构和人员管理办法》的课题研究工作。课题组明确了军队环境影响评价机构和人员的主管部门、评价机构和人员的职责，提出了军队环评机构管理的基本要求，研制了《军队环境影响评价机构资质申请表》《军队环境影响评价机构年度业绩报告表》《军队环境影响评价资质证书》和《军队环境影响评价人员资格证书》的样式，对军队环评机构具备的工作场所、专用设备、人员配备、质量体系等软硬件条件进行了具体规定，提出了军队环评机构，资质申请、审查、审批、业绩报告与审查、资质延续、资质撤销等资质管理的具体要求，对军队环评人员的基本条件、工作范围、证书管理、知识更新和资格撤销等提出了具体规定，在基础上完成了《军队环境影响评价机构和人员管理办法》的研究制定工作，这对于加强军队环境影响评价工作的管理具有重要的作用。

3.《军队环境影响评估管理办法》

《中国人民解放军环境影响评价条例》规定，建设项目环境影响报告书上报审批前，军队环境影响评估机构按照环境影响评价文件审批机关的要求，组织相关专业的专家对环境影响报告书进行技术审查，并提出书面审查意见，作为环境保护主管部门审批的依据。为了规范军队环境影响评估管理工作，全军环保绿化委员会办公室组织相关专业的专家开展了《军队环境影响评估管理办法》的课题研究工作。课题组在参照国家环境影响评估管理办法的基础上，结合我军实际情况，明确了军队环境影响评估管理工作的主管部门；考虑到军队环境影响评估工作的特点和与国家接轨的需要，在反复调研论证的基础上，确定由军队环境监督监测机构兼负军队环境影响评估机构职能，分别提出了全军环境影响评估机构和军区级单位环境影响评估机构的基本条件和职责，明确了评估专家库的入选条件和管理程序，研制了《军队环境影响评估专家证书》式样，提出了环境影响评估实施的具体要求，在此基础上完成了《军队环境影响评估管理办法》的研究制定，用以指导和规范军队环境影响评估的管理工作。

五、环境监测管理制度研究

加强环境监测管理是贯彻落实国家和军队有关环境保护的方针、政策，搞好军事环境监测工作，提高环境监测质量的中心环节。为了加强军队环境的保护，规范军队环境的监测管理，根据《中国人民解放军环境保护条例》和国家有关规定，军队开展了《军队环境监测管理规定》和《军队环境监测质量管理办法》课题的研究制定工作。

课题组通过分析军队环境监测管理的现状和存在的问题，明确了加强环境监测管理的原则，提出了制定军队环境监测工作计划和规章、规范环境监测技术方法、建立健全科学配套的军队环境监测网络体系等军队环境监测管理的基本任务；按照现行军队环境管理体制，提出了各级环境监测站（室）的职责；规定了军队环境监测机构及其监测人员的资质与资格的考核、认证、管理的具体程序；建立了军队环境监测的计划管理制度，规定了环境监测的实施程序；明确了统一管理、分级负责制度，对环境监测机构的技术和质量管理提出了具体的要求。在此基础上，课题组完成了《军队环境监测管理规定》的研究制定工作，用以指导和规范军队环境监测管理工作。

为了加强军队环境监测质量管理，更好地为环境管理服务，课题组研究确立了“统一管理，分级负责；严格程序，全程监控；科学严谨，客观公正”的环境监测质量管理原则；提出了建立军队环境监测质量管理体系，健全军队环境监测质量审核、检查和监督机制，提高环境监测质量的具体任务；建立了军队环境监测质量管理体制机制，明确了各级环境监测机构的质量管理职责；研究提出了环境监测质量管理体系的主要内容，对环境监测技术标准和方法，环境监测机构实验室的管理制度、操作规程和安全措施，仪器设备管理制度和技术档案，环境监测使用的标准物质、试剂、药品的管理等做出了具体的规定；提出了环境监测点位的设置、样品的采集、样品的运送、分析测试等环节质量控制的具体措施和要求；建立了环境监测逐级审核制度和质量报告制度，提出了逐级审核程序和质量报告的主要内容。在此基础上，完成了《军队环境监测质量管理办法》的研究制定工作，为加强环境监测质量管理、提高环境监测质量提供了重要的指导。

第四节　军事环境保护标准规范研究

军事环境保护标准规范是军队环境保护法规体系中的一个重要组成部分，是军事环境管理的重要技术依据。它为军队各级环境主管部门针对污染物排放综合量化管理、减少污染物排放总量，促进环保技术进步、强化环境管理、实现全面达标排放，从而为军队环境保护管理工作提供科学的依据。军事环境保护总体上遵循国家的环境保护标准规范，但是鉴于军事训练场所环境的极端性和污染物排放的特殊性，军队按照“符合国家和军队的有关法律、法规，考虑军事环境保护和生态建设的发展和使用要求；有利于军队环境保护和人体健康，保障部队作战、训练、工作和生活需要；体现协调一致，考虑整体综合效益及平战结合、军民通用，做到技术先进、经济合理、适用可行、确保质量；积极采用国际和国内先进标准”的军队环境保护标准编制的原则，通过主管部门下达军标项目研编计划、组织相关技术人员调研论证、开展实验研究、报批审查等环节，逐步构建了由军事环境质量标准、军事特种污染物排放标准、处理技术与装备规范、技术导则等组成的有明显军事特色的环境标准体系。

一、军事环境质量标准研究

环境质量标准是为了保障人群健康、维护生态环境和保障社会物质财富，并留有一定安全余量，对环境中的有害物质和因素所做的限制性规定，是衡量环境质量的依据。军事区域的环境质量总体上应遵循国家的环境质量标准，但是由于军事活动的特殊性，某些特殊条件下环境质量尚无可参照执行的国家标准，因此有必要根据军队环境保护的特点，加强军事特殊环境质量标准的研究制定。为了保障特殊环境下官兵的身体健康，判断环境质量状况，军队科技人员先后研究制定了《飞船乘员舱大气环境控制工程设计的医学要求》《飞船乘员舱大气环境医学要求与评价方法》《直升机噪声限值》《军事作业噪声容许限值及测量》《舰船噪声限值和测量方法》《野营住房空间与环境参数限值》《VHF/UHF航空无线电通讯台电磁环境要求》《舰载卫星通信地球站电磁环境要求》《电磁辐射暴露限值和测量方法》《水面舰艇舱空气组分容许浓度》《潜艇舱室辐射监测系统要求》《核潜艇舱室空气组分容许浓度》《二炮核辐射外环境质量评价》《二炮阵地环境条件限值》《作业场所空气中奥克托今容许浓度及检测方法》《作业场所空气中硝化甘油最高允许浓度及监测方法》等军事特殊环境质量标准。

特别是为了满足销毁日本遗弃化学武器中环境保护的需要，军队环保专家开展了大量的环境标准研究工作。按照《销毁日本遗弃在华化学武器所需毒理学试验计划书》的要求，军队环保专家系统开展了二苯氯胂（DA）、二苯氰胂（DC）、苯氯乙酮（CN）、路易氏剂（L）、芥子气（HD）等的有关毒理学试验研究，先后完成了DA、DC、CN、L蓄积毒性试验，DA、DC急性吸入毒性试验，DA、DC、L亚慢性吸入毒性试验，DA、DC、L、HD联合毒性试验，DA、DC微生物回复突变试验，DA、DC、CN、L微核试验，DA、DC、CN哺乳动物培养细胞染色体畸变试验，DA、DC、CN致畸敏感期毒性试验，DA、DC、CN、L围产期毒性试验，DA、DC、CN一般生殖毒性试验，DA、DC、CN亚慢性灌胃给药毒性试验等共计11大类、33个试验项目，获取了一批重要的毒性试验数据，填补了国内外有关DA、DC、CN、L、HD毒性数据的一些空白，为丰富、完善有毒化学品毒性数据库做出了重要贡献，同时为制定销毁日本遗弃在华化学武器的空气、土壤、地表水、地下水的环保标准提供了可靠的科学依据。军队环保专家在此基础上完成了《销毁日本遗弃在华化学武器工作区空气中污染物浓度标准》《销毁处理日本遗弃在华化学武器大气污染物排放限值》等12项销毁日本遗弃化学武器的环境保护标准，成为处理遗弃在华化学武器作业现场环境监测的直接依据。同时，按照国家环境保护总局“关于下达《销毁化学武器环境保护标准》制定计划项目的通知”（环科发〔2000〕31号）的要求，军队组织专业技术人员根据《销毁化学武器环境保护标准》制定的基本原则，通过调查研究提出了《销毁日本遗弃化学武器土壤污染控制标准》的6项控制项目，即芥子气、路易氏剂（含氯乙烯氧胂）、二苯氰胂+二苯氯胂（含氧联双二苯胂）、苯氯乙酮、总砷、氰化物，经过3年研究，在反复征求专家意见并同日方进行磋商的基础上，于2004年12月完成了《销毁日本遗弃化学武器土壤污染控制标准》的研究制定工作。该标准主要用于遗弃化学武器现场调查点、挖掘作业点、运输过程、临时贮存点和销毁作业点的污染土壤的鉴别和控制；同时适用于销毁处理设施建设的环境影响评价、设计、环境保护设施竣工验收及其运行后的环境管理。

二、军事特种污染物排放标准研究

污染物排放标准是依据环境质量标准和采用的污染控制技术，并考虑经济承受能力，对排入环境的有害物质和产生污染的各种因素所做的限制性规定。为了加强军事特种污染物的治理，军队相关专业技术人员开展了军事特种污染物排放标准研究工作，先后制定了《销毁遗弃化学武器大气污染控制要求》《销毁处理日本遗弃在华化学武器大气污染物排放限值》《二炮阵地放射性废水排放标准》《水面舰船生活污水及油污水排放》《肼类燃料和硝基氧化剂污水处理与排放要求》等军事特种污染物排放标准。

三、军事环境保护技术规范研究

军事环境保护技术规范是军事环境标准体系的重要组成部分，对污染物的处理处置、环境影响评价、军事环境监测等技术和方法，环境治理装置的工艺设计和工艺参数等做出的规定。

1．军事特种污染物处理技术规范研究

为了防治环境污染，保证军事特种污染物的有效规范处理，军队环保技术人员通过专项课题研究，先后完成了《报废通用弹药处理安全要求与评价》《导弹燃烧剂污水处理规程》《导弹氧化剂污水处理规程》《导弹部队放射性废物处理规程》《废火药、炸药、弹药、引信及火工品处理、销毁与储存安全技术要求》等军事特种污染物处理技术规范的研究工作，对各种军事特征污染物的处理方法做出了严格的规定。

2．特种污染处理装备技术规范研究

为了有效防治环境污染，保证军事特种污染处理装备的有效运行，军队环保技术人员通过专项课题研究，先后完成了《燃烧剂污水处理工程车规范》《核化卫生防护监测车规范》《军港油污水接纳处理车组规范》《放射性废水处理装置规范》等特种污染处理装备技术规范的研究工作，对各种处理设备的工艺参数做出了严格的规定。

3．环境影响评价技术导则

为保证《中国人民解放军环境影响评价条例》的顺利施行，全军环办组织依据国家有关技术导则和标准，结合我军实际情况，参考美、澳等国有关军事环评的技术标准，先后开展了《军队环境影响评价技术导则　总纲》《军队规划环境影响评价技术导则》《军队计划环境影响评价技术导则》和《军队建设项目环境影响评价技术导则》等军队环评专业技术导则的研究制定工作，研究提出了军队环境影响评价的一般原则、技术程序、方法、内容和具体要求，为开展军队规划、计划和建设项目环境影响评价工作提供了技术支撑。

第四章 军事环境保护监督管理技术研究

军事环境保护监督管理是贯彻落实国家和军队有关环境保护工作的方针、政策，制定军队环境监测工作计划和规章，规范环境监测技术、方法和标准，以监测质量、效率为中心，实施环境监测与评价，建立健全科学配套的军队环境监管网络体系，从而为军队环境管理、环境决策、污染防治提供技术支持和服务。军事环境保护监管技术研究是提升军事环境保护监管水平的重要途径。近年来，军队环保科技工作者紧紧围绕军事环境保护监管工作的需要，大力开展环境保护监管技术研究，在军事区域环境质量调查方法与技术、环境监测技术与方法、环境监测设备、环境监测信息管理系统等方面取得了许多创新性的研究成果，显著提高了军事环境保护监管水平，推动了环境监督管理领域的科技进步。

第一节 军事区域环境质量调查技术研究

军事区域环境质量事关官兵身心健康，直接影响部队战斗力的形成与提高。弄清军事区域环境质量，将有利于寻找合理的措施改善环境质量，有利于提出军事区域环境质量限量标准和监测方法标准。为此，军队环保科技人员开展了军事区域环境质量调查技术研究，在军队污染源普查方法与技术、军事区域环境质量调查、营区生态环境与资源利用现状调查与评价技术等领域取得了重要的研究成果。

一、军队污染源普查方法与技术研究

军队污染源普查是为了全面掌握全军各类污染源的数量与分布、主要污染物的排放量和去向、污染治理设施运行状况、治理水平和治理费

用等情况而开展的全军污染源调查工作，其主要目标是建立军队各类污染源档案、全军与军区级污染源信息数据库，健全军队环境统计、监测监督工作体系，从而为下一步科学制定军队环境保护政策和规划提供依据，为军队污染源的监督管理奠定坚实基础，切实提高军队环境保护的监管能力，进一步提高广大官兵的环保意识。为确保污染源普查工作顺利开展，全军污染源普查办公室组织军队相关领域的专家成立了《军事污染源分布特征与防治对策》课题组，开展了军队污染源普查方法与技术的研究工作，建立了全军污染源普查的技术路线，编制了《军队污染源普查指导手册》《军队污染源普查清查表式》，研究制定了军事特种污染源排污系数计算方法。课题研究成果为军队开展污染源普查提供了强有力的技术支持。

1．军队污染源普查技术方法研究

课题组根据军事区域环境质量的特征，通过现场调研、专家论证，开展了军队污染源普查的技术方法研究，建立了现场监测与物料衡算及排污系数计算相结合、技术手段与统计手段相结合、现场调查与单位预先填报相结合的污染源普查技术路线，确定了污染物排放量的计算方式，其中军事特种污染源主要采用现场监测与排污系数等方法核算污染物排放量，对一些排放量较小或排放形式较简单的污染源直接采用排污系数法计算排污量，医疗废水排放量的计算和治理率评估主要依据当年度实际监测报告及现场检查结果核定。在此基础上，结合部队实际，课题组编制了军队污染源普查表及相应的填表说明，与军队污染源普查方案、军队污染源普查组织实施、数据处理、产排污系数等相关内容组成《军队污染源普查指导手册》，专门设计《军队污染源普查清查表式》，成为开展全军污染源普查工作的依据和基础。该课题研究成果为军队污染源普查提供了重要的技术指导，确保了普查工作的有序进行和完成。

2．军事特种污染源产排污系数和计算方法研究

为了加强军队污染源普查，尤其是军事特种污染源普查数据的真实性、可靠性，全军污染源普查工作办公室先后多次派专家组深入基层部队，通过与基层专业技术干部座谈、现场调查、查阅资料等方式，了解部队军事特种废气、废水、固废等污染源的产生方式、规律、排放途径

等，组织进行了 3 000 次特种污染源监测调查，并研究制定《军事特种污染源产排污系数》，明确了部队军事特种污染源的类型，建立了不同类型的废水、废气以及有毒有害、危险固废的计算方法。课题研究成果对于全军开展污染普查、污染防治及开拓军队环境监测新领域具有重要的意义。

3．军事污染源分布特征与防治对策研究

课题组在军队污染源普查的基础上，开发了污染源管理软件，编制完成了普查数据统计汇总软件，并成功地在全军实现推广应用。根据普查结果，各环境监测机构针对本单位、本系统的污染防治状况进行了较深入的研究分析，提出了相应的建议和对策，通过分析全军污染源普查数据，完成了军队污染源普查技术报告，掌握了军事污染源分布的特征和变化规律，提出了军队污染源防治的对策措施，从而推动了军队环境保护工作的进步。2007 年，“军事污染源分布特征与防治对策研究”获军队科技进步二等奖。

二、军事区域环境质量调查研究

军事区域环境质量调查研究有利于国家和军队科学制定环境保护政策和治理规划，有利于提高军队环境监管水平，切实改善环境质量，保障军事区域环境安全，有利于推进资源节约型、环境友好型社会的建设，推动军队全面建设的可持续发展。为了厘清军事区域环境质量现状，许多军队环境保护科研单位结合环境管理工作的需要，积极开展军事区域环境质量现状调查及其变化规律研究，从而为加强环境管理提供了重要的理论指导。

1．常导阵地作战运用时环境质量变化规律探究

近年来常规导弹陆续装备到二炮作战部队，已成为军事斗争的重要力量。开展常导作战阵地战时环境质量变化规律的研究，掌握阵地污染状况，摸清治理现状和需求，对改善战时阵地环境质量，保障作战人员身体健康，提高部队战斗力，具有十分重要和现实的意义。某环境监测中心站通过对原二炮部队某基地常导作战阵地在作战演练时环境质量的调查与监测，详细了解了阵地自然概况、阵地概况、人员概况，全程跟踪监测阵地环境质量参数，评估并分析了阵地的污染状况。通过对阵

地空气质量和噪声参数的监测，评定阵地内环境质量水平以及动态变化规律，掌握了装备产生的尾气污染、噪声污染的影响和趋势。课题研究成果为制定常规导弹作战阵地配套建设标准、指导规范后续阵地建设、完善作战方（预）案及有关法规提供了重要的科学依据。

2．军事区域污染源调查及防治对策研究

为查清军事区域污染物排放的特点和规律，掌握生产过程中资源、能源的利用现状，预测污染变化趋势，建立污染治理、资金投向的量化管理系统，制订科学性、实用性较强的污染防治对策，军队启动了后勤重点攻关项目“军事区域污染源调查及防治对策研究”的研究工作。该课题组针对某军区区域地域辽阔、调查工作难度大的特点，紧密结合军队环境管理的要求，采用了先进的系统工程方法，本着调查是基础、决策是关键、应用是目的的原则进行了反复调研和论证，设计了项目研究的总体方案与分步实施计划，结合军事区域污染特性、地理位置、气象条件、社会环境等因素，综合分析了军事区域的主要污染源、主要污染物及其排放规律，首次提出了“单位资金等标污染负荷去除率”等指标，并在此基础上建立了量化管理系统，对军事区域污染治理工作实施量化管理提供了科学先进的手段。课题研究成果在某军区得到推广应用，以“等标污染负荷法”为量化依据，编绘了“某军区污染源分布图”“某军区工业废气污染状况图”等，直观地反映了该军区区域内污染物的排放及分布状况，建立了迄今为止最完整的污染源档案，编写了《某军区污染源调查技术报告》，全面分析、评价了某军区环保工作现状和环境管理水平，掌握了该军区部队、油库、工厂、医院的污染状况，为军区的环境保护工作提供了科学依据，并取得了显著的军事效益、环境效益和社会效益。1991 年，该成果获得军队科技进步二等奖。

3．营区生态环境与资源利用现状调查与评价技术

加强生态建设，维护生态安全，是人类面临的共同主题，也是我国社会经济可持续发展的重要基础。营区是部队官兵主要的生活、训练区域，营区环境的好坏对人员的影响较大，因此搞好营区生态环境建设，是增强部队凝聚力、提高战斗力的重要基础和前提之一。为此，某环境监测站开展了“营区生态环境与资源利用现状调查与评价技术”课题的研究工作。课题组根据部队营区的分布及功能特点，首次将流行病学的

原理与方法引用到军队营区生态环境与资源利用的研究中来，采用现场调查、知识问卷、常规资料收集及实验室技术相结合的方法，组织专业技术人员，选择不同地域、不同生境的营区，对营区生态环境与资源利用现状进行较全面、系统的调查研究，所得资料真实地反映了部队营区生态环境和资源利用的现状；在深刻分析现状与存在问题的基础上，提出了符合部队营区实际的、行之有效的对策措施，为科学推进生态营区建设，提高部队战斗力提供了重要的科学依据和可借鉴的方法对策。该成果在原济南军区、原北京军区、原沈阳军区、原广州军区部分部队推广应用，均收到了较好的效果，有效地改善了营区生态环境、减少了环境污染、节约了宝贵的环境资源，提高了部队的凝聚力和战斗力，产生了明显的军事、社会、生态和经济效益。2008 年，该课题研究成果获得军队科技进步三等奖。

第二节　军事环境监测技术方法研究

环境监测技术方法研究是以提高污染物监测准确度、精度和检测限为目的，充分发挥仪器设备的功能，寻求污染物新的检测途径，开发污染物监测的新技术、新方法。近年来，军队环保科技人员根据军队环境保护监管工作的需要，开展了一系列军事环境监测技术方法研究，在水环境监测、大气环境监测、土壤环境监测，特别是日遗化武销毁过程中的监测分析方法和技术方面进行了大量的研究工作，探索出许多技术先进、结果准确可靠的环境监测技术方法。

一、水环境监测技术方法研究

军事区域水环境监测技术方法研究主要集中在水环境中有毒有害物质的快速检测，如有效氯、神经性毒剂水解产物、芥子气、路易氏剂及其水解产物、毒剂降解产物、生物胺、亚当氏剂、酞酸酯化合物等，这些物质一般易引发急性或慢性中毒，通过食物链进入人体后将危害人身安全及生命，影响部队战斗力。为此，军队环保科研机构和环境监测机构的技术人员大力开展了水环境监测技术方法研究，从而为实现水环境中这些有毒有害物质的快速检测提供了重要的技术支撑。

1. 水中有毒物质测定方法研究

路易氏剂学名 2-氯乙烯二氯砷，是重要的糜烂性化学战剂，也是日军在我国遗弃必须销毁的化学武器之一，世界各国都很重视环境中痕量路易氏剂的测定。某军队研究院的技术人员利用 3,4-二巯基甲苯对待测样品进行处理，衍生后形成稳定的环状二硫化物，采用毛细管分离、火焰光度法检测对污染水源中的路易氏剂及水解产物进行了测定，建立了测定污染水源中的路易氏剂及水解产物的新方法。该方法灵敏度高、重复性好，检测限达到 10^{-11} g，线性范围达到 2 个数量级，相关系数超过 0.999，9 次测量同一样品的色谱峰变异系数小于 6%，测量的相对误差在±8%之内。

毒剂降解产物（如神经性毒剂沙林的降解产物甲基膦酸）作为生产、使用和储备化学武器的重要判据，一直被作为化武履约核查的重要对象，对遗弃化武环境评价也有着重要的作用，但由于其极性强、沸点高、挥发度低，要采用气相色谱（GC）或其联用技术进行分析，需要进行衍生以改善其色谱性能。硅烷化衍生作为常用的衍生方法被广泛应用，但实际样品中金属离子的存在会对该类化合物产生干扰，从而大大降低了方法的灵敏度。因此，如何消除金属离子对烷基膦酸类化合物的影响成了目前一个热点研究领域。某研究院开展了毒剂降解产物的检测方法研究，建立了混合固相萃取-气相色谱/质谱（GC/MS），同时检测强离子干扰水中甲基膦酸、异丙基膦酸、硫二甘醇、硫二甘醇亚砜等的新方法，所测定的降解产物在 5.0～25 μg/mL 的浓度范围内呈良好的线性关系，相对标准偏差均小于 10%。该方法可实现强离子干扰水样中烷基膦酸和硫二甘醇类化合物的同时检测，有效避免了真实样品中目标化合物的丢失，大大简化了样品制备步骤。

生物胺是一类含氮的低分子量有机化合物的总称，包括脂肪族的腐胺、尸胺、精胺、亚精胺等，芳香族的酪胺、苯乙胺等，以及杂环族的组胺、色胺等，广泛存在于生物细胞内，能促进核酸及蛋白质的合成，与细胞的增殖、分化密切相关。为了对有机胺污染水源中的腐胺、尸胺、亚精胺、精胺及组胺成分的含量进行快速测定，某环境监测研究中心开展了生物胺的高效液相色谱法研究，通过查阅文献，反复比较研究，确定了苯甲酰氯为液相色谱柱前衍生试剂，具有衍生操作简单、衍生物稳定性好、可定量完成磺酰化反应、有较强的荧光和紫外吸收、灵敏度高、反应范围宽、基体干扰不明显等优点，系统考察了衍生化过程中衍生剂的浓度、缓冲溶液 pH、衍生温度和衍生时间等条件对样品衍生化的影响，确定了腐胺、尸胺、亚精胺、精胺及组胺的最优衍生条件：衍生剂 20 μL，pH=11.5，反应温度 37℃，反应时间 20 min，从而实现了待检生物胺在 10 min 内完全分离测定。该方法对待测的 5 种生物胺在 2～40 g/mL 范围内线性关系良好，r＞3%，精密度良好，RSD＜3%，样品加标回收率为 78%～132%。该方法的衍生化产物稳定，检测快速、结果准确，能同时处理大量样品，具有较好的应用前景。

亚当氏剂是一种稳定的含砷有机污染物，环境中难以降解，曾被用作刺激性化学战剂。二苯胺是亚当氏剂的合成前体，也是一种广泛使用的杀虫剂。亚当氏剂工业品中亚当氏剂和二苯胺以混合物的形式存在。因此，亟须建立环境中亚当氏剂和苯胺的简便、快速的监测分析方法。某研究院对水中亚当氏剂和二苯胺的固相微萃取条件进行了研究，建立了固相微萃取（SPME）-高效液相色谱（HPLC）测定水样中痕量亚当氏剂和二苯胺的分析方法，系统研究了萃取纤维、萃取时间、萃取温度、离子强度、解吸方式、解吸溶剂、解吸时间等固相微萃取条件对萃取分离效果的影响，优化的萃取条件为：室温下用 60 μm PDMS/DVB 直接萃取 60 min，搅拌速度 1 100 r/min，然后采用静态解吸模式，在流动相中解吸 9 min。本方法的精密度和重现性较好，两者的加标回收率均在 89.6%～100.4%，相对标准偏差小于 6.7%，检出限低于 0.003 mg/L。与其他方法相比，该方法具有无需有机溶剂，集采样、萃取、浓缩、进样于一体的优点，简化了操作步骤，适合于水体中亚当氏剂和二苯胺残留的分析。

神经性毒剂是杀伤力最强的化学战剂，是防化侦检的重要对象，其原形可利用酶抑制、气相色谱-质谱等方法检测，其中酶抑制法属于间接检测法，一般只能检测是否存在有机磷毒剂毒物，而不能区分是何种毒剂毒物；气相色谱-质谱法利用气相色谱分离待测的混合物，用质谱鉴定其中的各个组分，可明确判定是何种毒剂毒物；酶抑制法检测速度快，所需设备简单，一般用于野外或现场快速筛查，而气相色谱-质谱法需要专门的仪器设备，一般只用于实验室鉴定毒剂毒物。有机磷神经性毒剂容易水解，很多情况下已无原形毒剂存在，其水解产物不能抑制乙酰胆碱酯酶，造成酶抑制检测方法失效；水解产物极性增大、挥发性降低，无法用气相色谱-质谱法直接检测，必须采取衍生化等样品预处理方法将其转化成极性较小、有一定挥发性的衍生物才能检测，这使得检测操作复杂，而且衍生化试剂本身是高毒性、低稳定性，有些是极易燃易爆的试剂。为此，某医学科学院开展了利用流动注射-飞行时间质谱仪测量水样中神经性毒剂（沙林、梭曼、VX、俄罗斯 VX、GF）的水解产物的新方法研究，采用操作简单的柱淋洗样品预处理方法可对水样中的有机磷神经性毒剂水解产物进行分离检测；采用自行开发的小质量负离子质量检测校正方法，可获得待检测神经性毒剂水解产物的负离子的精确质量，用于推测被测离子的元素组成；采用源内碰撞裂解方法，进一步提高了检测方法的专属性；利用内标法，补偿了因离子化抑制造成的线性范围窄的问题。该方法定量检测限为 0.02～0.05 mg/L，结合酶抑制法或气-质联用法检测毒剂原形，可以彻底抓住有机磷神经性毒剂的线索，具有很强的实用性。

2．水中有效氯快速检测方法研究

水中有效氯的快速测定对于应急供水保障时快速评价消毒效果具有重要的意义。传统的有效氯测定方法是碘量法，该法的突出优点是准确可靠，但使用的试剂多而配制复杂，检测时间较长，不适于消毒现场应急检测的需要。为此，某军队院校的科技人员开展了水中有效氯的快速测定方法的课题研究。课题组系统地研究了药用维生素 C 片用于测定水中有效氯的适宜条件，考察了酸度、温度、维生素 C 用量、碘化钾用量等因素对测定结果的影响，研制了冷水即溶性淀粉指示剂，从而建立了一种简单的测定水溶性含活泼氯消毒剂中有效氯的新技术。该方法操作简单，在 1 min 之内可完成一次测定；检测范围广，既可用于水溶性含活泼氯消毒剂中有效氯含量的测定，又能满足水中余氯的测定；性能可靠，达到了国内外同类技术的先进水平。

3．化学需氧量快速测定方法研究

化学需氧量（COD）是生活污水及工业废水监测的主要项目之一，是评价水质有机物污染程度的重要指标。目前国家规定的标准方法是 $K_2Cr_2O_7$ 法，但存在回流时间长、测定速度慢的缺点，难以满足快速测定的需要。某军队环境监测站的技术人员开展了废水 COD 快速测定方法的研究，从改变反应溶液的酸度、提高 $K_2Cr_2O_7$ 的氧化电位入手，对国家标准方法——重铬酸盐法的反应条件进行改良，确定了 COD 快速测定的步骤和适用条件，通过大量的实验验证了方法的敏感性和特异性，并与原标准法进行了比对，使回流时间由原来的 2 h 缩短为 30 min，测定结果与原标准方法基本一致。该研究成果表明，催化剂溶液硫酸银-硫酸溶液优于硫酸银-硫酸、磷酸混合溶液，反应溶液酸度以 10.0 mol/L 为佳；回流时间为 25～35 min，COD 达峰值且趋于平稳，对于 Cl^- 的正干扰，用 $HgSO_4$ 作掩蔽剂比 $AgNO_3$ 好。以最佳条件建立的快速测定方法的相对偏差为 0.73%～1.69%，相对误差为 0.75%～1.69%。该方法使 COD 的测定时间缩短，化学试剂用量减少，对水环境的二次污染降低，从而为野外军事活动和事故应急性处理提供简便快速的监测方法和分析技术。1992 年，该课题研究成果获军队科技进步三等奖。

4. 微流控生物芯片技术在水质快速监测中的应用研究

微流控生物芯片是当前环境监测方法的一个热点研究领域，由于整个分析过程可以在一个几平方米厘米的芯片上完成，分析试剂消耗少且分析速度特别快，非常适合现场水质的快速监测。为了从理论和技术上探讨生物芯片用于水质现场快速检测的可行性，某军队高校组织相关科技人员开展了微流控生物芯片技术在野营供水水质快速检测中应用的课题研究工作。课题组以有机玻璃为原材料，采用热压法，研制了在普通实验室可以制作集成电导检测流动注射微流控芯片的方法，利用氯化钾标液验证了制作集成电导检测流动注射微流控芯片的方法的可靠性，并用该微流控芯片测定了阿司匹林中乙酰水杨酸的含量，证明该微分析系统应用于样品分析的有效性和适用性，从而为后续利用生物芯片技术开展水质的快速检测奠定了坚实的理论基础。

二、大气环境监测技术方法研究

近年来，军队环保科研机构和环境监测机构针对硫化氢、光气、砷化物、苯系物、苯氯乙酮、偏二甲基肼、沙林、芥子气、氡等有毒有害气体开展了监测技术方法研究，从而为有效开展有毒有害气体的净化技术研发，防治大气环境污染，保护官兵的身体健康提供了重要的技术支持。

1．光气检测分析方法研究

光气是剧毒物质，被吸入体内后与肺泡作用，使血液的水渗入肺泡内，导致肺水肿，可使人迅速死亡。光气的检测分析方法有分光光度法、气相色谱法、液相色谱法、电化学法等，这些方法各有优缺点。为了实现对光气这种剧毒物质的快速有效检测分析，某研究院开展了用于大气中光气检测的铟敏双火焰光度法研究，探讨了光气的浓度与响应信号值的对应关系，确定工作条件和干扰因素。该法将样品中光气在富氢的第一火焰充分热解，并生成氯化氢，氯化氢气体上升流经铟敏化体，与铟蒸气反应生成氯化铟特征物质。该特征物在第二火焰中被激发，产生特征光，通过测定特征光的强度以确定样品中的光气含量。课题组提出的光气的铟敏双火焰光度测定法有较好的性能，灵敏度较高、噪声较小，最小检出量较低，外界干扰较小，敏化体寿命较长，在大气中微量光气的检测方面具有重要的应用前景。

2．防化危险品销毁过程中有毒有害气体检测分析方法研究

防化危险品销毁处置中的环境监测是保证实现防化危险品安全管理的一个重要环节。防化危险品中大多数是具有有毒、有害性质的化学品和毒剂，对这些危险品进行焚烧销毁处理时，若焚烧装置的密闭性能发生故障，将导致毒剂或有毒化学品的泄漏，焚烧处理得不完全将导致尾气中毒剂或毒剂分解后的有害气体污染物含量超标，都有可能引起环境污染和人员伤亡。为降低防化危险品销毁处理过程的环境风险，确保销毁的设施安全有效运行，应积极开展销毁过程中的环境监测工作，做到一旦发生泄漏或废气超标排放等情况时，能够及时采取事故应急处置措施，避免造成严重的环境污染和人员伤亡事故。为此，军队环保科研机构和监测机构大力开展了防化危险品销毁过程中有毒有害气体的检测分析方法研究，先后建立了苯氯乙酮的测定-气相色谱法、废气中苯氯乙酮分析方法-间二硝基苯法、废气中沙林、VX-酶法分析法、废气中芥子气的测定-气相色谱法（A）、废气中芥子气的测定-T-135 法（B）、废气中路易氏剂的测定方法-乙炔铜法（A）、废气中路易氏剂的测定-气相色谱法（B）、废气中西埃斯的测定-气相色谱法（B）、废气中梭曼的测定-气相色谱法等销毁作业中空气和废气监测分析方法，同时积极开

展有毒有害气体的新技术、新方法研究，不断完善防化危险品销毁处置过程中的环境监测方法体系。

苯氯乙酮（CN）是刺激性毒剂的一种，主要对眼睛有刺激作用，可引起强烈的催泪效果，最低刺激浓度为 3×10^{-4} mg/L，不可耐剂量为 1×10^{-2}（mg·min）/L，易挥发，20℃时的挥发度为 1.3×10^{-1} mg/L，苯氯乙酮半致死浓度很高。苯氯乙酮微溶于水，易溶于有机溶剂，如氯仿、醇、苯、醚和二硫化碳等。苯氯乙酮和含苯氯乙酮的催泪弹内装混合药剂在销毁过程中会排放废气，为了确保销毁作业人员的安全，保护销毁站周围的大气、水体和土壤环境不受污染，有必要建立准确可靠的尾气监测方法。为此，某研究院采用带氢火焰离子化检测器气相色谱仪，探索出了测量焚烧销毁系统尾气污染物中苯氯乙酮的方法。该方法采用了有机固体吸附剂 XAD-2 采集气态苯氯乙酮，用乙腈做解吸溶剂，方法的最低检出浓度为 0.1 mg/m^3，精密度及准确度好，相对标准偏差为 2.1%，误差不大于 7.8%。该方法具有较强的抗杂质干扰能力，操作简便，适宜现场作业。

沙林是一种神经性毒剂，一直是美国、俄罗斯等拥有化学武器的主要装备毒剂，被列为《禁止化学武器公约》附表 1 中的化学品，是核查的主要对象。某环境监测站利用热解吸进样和气相色谱分离技术，自制采样管，探索出了测定空气中沙林的分析方法。该方法线性关系良好，灵敏度高，最低检测限可达到 $4.0\times10^{-9}g/m^3$，采样方便，操作简单。

谐振器型声表面波气体传感器因其体积小、价格低、功耗小、灵敏度高、Q 值高和插损小等优点，成了最引人注目的新型微传感器之一，在毒剂侦检领域具有广泛的应用前景。为了开发能够现场快速检测芥子气和沙林的检测技术，某学院以聚表氯醇、硅酮、氢键酸性聚硅氧烷和氢键酸性共聚碳硅氧烷为敏感膜材料，研制了谐振器型声表面波阵列装置，建立了声表面波传感器阵列判别芥子气和沙林的检测及分析方法。该方法响应快速灵敏，并结合 PNN 神经网络实现了对芥子气和沙林的正确识别，识别率达到 100%，为进一步研究多种毒剂的定性定量分析提供了方法依据。

3．大气中微量硫化氢气体检测方法研究

由于大气中硫化氢的浓度较低，并随着季节、燃料的消耗和汽车通过量的变化，污染浓度在不断变化，因此其检测方法最好采用具有高灵敏度且能连续检测的仪器进行检测。某学院通过研制检测管式气体分析仪，开展了大气中微量硫化氢气体检测方法研究，系统分析了硅胶粒度、硅胶浸渍时间、温度、抽气次数和速度对测量的影响，比较几种铅盐作显色剂的效果。利用该方法，可在1～3 min内根据检测管变色长度直接读出被测气体的浓度。该气体分析仪是由检测管和采样工具两部分组成，是一种简便、快速、直读式的定量检测仪，在已知有毒有害气体或蒸汽种类的条件下进行现场分析，检测方法既经济又实用，适用于0.05 mg/L以上的浓度，方法平均相对误差为±5%，可用于野外现场分析。

4．大气悬浮颗粒物的监测分析方法研究

大气悬浮颗粒物是环境质量现状评价的重要指标，主要来自土壤扬尘、工业粉尘、燃煤排放、汽车尾气等，粉尘中含有大量对人体有害的元素，特别是稀有元素，因此研究大气颗粒物的化学组成，对研究空气污染与人体健康问题具有重要意义。某环境监测研究中心利用电感耦合等离子体质谱技术和微波消解技术，探索出了一种测量大气悬浮颗粒物的新方法，利用此方法获得了某军事区域大气悬浮颗粒物（PM_{10}）中36种元素的浓度信息，计算出元素富集因子，分析了大气环境中元素的污染情况、富集特征及主要污染来源。该方法在鉴定大气悬浮颗粒物污染来源方面起到了积极作用。同时，该监测中心根据大气颗粒物无机组分的漫反射傅里叶变换红外光谱，确定了大气颗粒物中主要含二氧化硅、碳酸钙、硫酸钙及微量硫酸铵类物质，从而建立了直接测定大气颗粒物无机组分的漫反射傅里叶变换红外光谱法，并对大气悬浮颗粒物中的主要无机组分进行了定性定量分析。本方法简便易行，可以作为检测大气颗粒污染物的一种有效方法。

三、土壤监测方法研究

土壤污染物监测方法研究主要针对土壤中的有毒有害物质，如铀、二苯氰胂、二苯氯胂、氧联双二苯胂、钚等，这些物质一般易引发急性或慢性中毒，通过食物链进入人体后将危害人身安全及生命，影响部队战斗力。

贫铀（DU）是天然铀富集 ^{235}U 之后的副产品，其中 ^{235}U 的含量为0.2%～0.3%。含有DU的物体着火或者DU的军事应用等都可能对土壤、水源及植被造成污染，并且通过水和食物链进入生物体内，导致机体的DU污染。某环境监测研究中心采用酸消解和微波消解的样品预处理方法与ICP-MS技术，开展了受DU污染的大鼠血清、尿液、肾组织及DU模拟试验舱周围土壤中的铀浓度的测量方法研究，研究出了鉴别土壤和生物样品中DU污染程度的方法。该方法在分析土壤和生物样品中的贫铀时具有灵敏度高（探测下限 0.01×10^{-12} g/mL）、线性范围宽、干扰小、分析时间短（＜1 h）、重复性好（＜10%）等优点，不仅可以确定样品受DU污染的程度，而且可以判断DU的可能污染源，并且轻松完成样品的高通量检测，因此，无论对生物样品还是在环境样品的检查中都显著优于其他的检测方法。同时，该研究中心采用电感耦合等离子体-质谱技术，建立了监测土壤中贫铀含量的新方法。该方法采用微波消解技术对样品进行预处理，首先取100 mg土壤于Teflon瓶中，加入5 mL硝酸和5 mL氢氟酸，在微波炉消解器中消解15 min，保持20 min，冷却15 min，然后加入1 mL $HClO_4$，160℃加热至近干，再加入1 mL浓硝酸，加热至近干，用2.5 ml 40%的硝酸溶解定容。对定容的样品采用电感耦合等离子体-质谱检测，测定了中国和日本标准土壤样品，测定值与给定值之间的相对误差小于5%。

环境和生物中的钚主要来自核武器试验造成的全球性污染，所有钚的同位素都有放射性，其中 ^{239}Pu 最为重要，它是一种极毒的放射性物质，同时又是一种长寿命核素，可以通过吸入、食入或伤口渗入等途径进入人体，给人体造成危害。某医学科学院采用阴离子交换树脂分离、富集土壤样品中的钚元素，并采用电感耦合等离子体质谱技术（ICP-MS）分析样品中痕量钚含量及 $^{240}Pu/^{239}Pu$ 值的方法。该方法以活化的强碱性阴离子交换树脂为固定相，经过程序淋洗、洗脱和浓缩过程，得到含有浓缩钚元素的土壤样品溶液，采用ICP-MS同时测定样品中的钚元素含量和 $^{240}Pu/^{239}Pu$ 值，以甄别钚材料的来源。为了克服样品中存在的 ^{238}U 对 ^{239}Pu 的检测造成的干扰，采用阴离子交换树脂能有效去除土壤样品中大量存在的铀元素，方法的去污因子大于 10^5，钚质量浓度为 0～10 ng/L，曲线浓度和计数相关性好，r=0.999 9，最低检出限为 0.113 ng/L。课题组建立的阴离子交换吸附与 ICP-MS 联合应用分析土壤中痕量钚含量和 ^{240}Pu/^{239}Pu 的方法准确、可靠，能满足环境样品中痕量钚元素分析的要求。

四、日本遗弃化学武器销毁过程中监测分析方法和技术研究

为了加强在日本遗弃化学武器的挖掘回收及销毁过程中的环境监管，及时发现作业场所及周边环境是否被污染，就需要有针对性地开展化学毒剂染毒样品监测分析方法和技术研究。

1．气相色谱-脉冲火焰光度检测方法研究

气相色谱-脉冲火焰光度检测器（GC-PFPD）具有灵敏度高、选择性强、操作方便等特点。某军区处理遗弃化学武器事务办公室组织专家首次将 GC-PFPD 与气相质谱联用技术（GC-MSD）相结合，既准确又灵敏，既能定性又能定量，实用性很强，尤其在环境染毒样品的微量分析方面具有非常重要的应用价值。通过对日本遗弃化学毒剂染毒样品进行检测分析，取得了令人满意的效果，为日本遗弃化武的鉴定确认提供了重要的科学依据。

2．土壤中二苯氰胂和二苯氯胂等砷化物快速分析方法研究

随着遗弃化武鉴定和销毁工作的展开，尤其是现场挖掘作业，迫切需要对含有二苯氰胂和二苯氯胂等砷化物的泥土进行快速化验分析。某军区采用目测法，以铋试剂钾盐为核心试剂，建立了快速检定环境样品中砷的分析方法。该方法的原理是铋试剂II价盐与路易氏剂、二苯氯胂或二苯氰胂等砷化物通过 As-S 键生成沉淀，其正反应为乳白色浑浊，空白为无色透明，路易氏剂、无机砷为黄色沉淀，亚当氏剂则为黄绿色。该方法操作简便、快速，具有较高的灵敏度。

3．土壤中氧联双二苯胂测定方法研究

二苯氰胂和二苯氯胂易水解并脱水聚合生成氧联双二苯胂，所以泄漏于土壤中的二苯氰胂和二苯氯胂绝大部分已转化成稳定的氧联双二苯胂。氧联双二苯胂与其母体毒剂一样，也具有较强的毒性。污染土壤中的毒剂及有毒相关物会因蒸发而污染环境空气，会因雨水径流和向下

渗透而污染地表水和地下水，对生态环境造成严重危害和威胁。我国销毁日本遗弃在华化学武器土壤污染控制标准规定的限值为 0.05 mg/kg，目前现有土壤中氧联双二苯胂测定方法的实际检测限达不到 1 mg/kg，不能满足销毁日本遗弃化武环境监测管理的要求。为此，某研究院开展了土壤中氧联双二苯胂测定方法研究，以期研究出检测限更低的方法。该研究工作通过两种方法对土壤中氧联双二苯胂进行测定研究，建立了用有机溶剂提取土壤样品中的氧联双二苯胂，然后对提取液进行衍生化处理。通过 GC-FPD 分析测定，该方法的检测限低于 0.05 mg/kg，可满足我国实施销毁日本遗弃在华化学武器土壤污染控制标准的要求。

4. 日本遗弃化学武器赛璐珞载体毒气筒销毁残渣分析方法研究

为了验证化学毒剂在控制引爆销毁过程中的效率，确认销毁处理能否满足所设计的性能要求，必须对引爆残渣（固体废物）中的毒剂及其相关化合物进行分析。根据残留的毒剂及其相关化合物都残留于固体残渣中的假设来确定毒剂的引爆分解率，引爆分解率达到 99.9%时，满足控制引爆销毁的阶段性要求，否则销毁残渣还需进一步处理。为了鉴定出固体残渣中的主要成分，并对二苯胂类化合物进行定量分析，从而为控制引爆销毁毒气筒的销毁效率提供基础数据，某学院履约技术部组织专家开展了日本遗弃化学武器赛璐珞载体毒气筒销毁残渣分析方法的研究，应用乙腈溶剂萃取 GC/MS 分析得到 5 种含砷化合物，同时分析得到 20 多种含苯环的化合物，其中还具有强致癌性的多环芳烃苯并[*a*]芘，大多数多环芳烃类化合物是新产生的。通过对销毁残渣的分析，可以判断控制引爆设备的工况的稳定程度，也可以判断控制引爆的销毁效率。

第三节　环境监测设备研制

环境监测仪器主要用于环境质量监测和相关污染源监测等方面，是环保源头信息传输的依据，也是环境质量评价、环境质量监控和环境科学管理的必要手段，同时也是实现环保装备机电一体化，提高污染治理设备自动化水平的重要环节。军队科技人员针对军事区域环境的毒性指标开展环境监测设备研制，在水质快速检测设备、便携式气体检测仪、核生化检测等方面取得许多重要的研究成果，为军事环境监测提供了重要的技术支撑。

1．水质快速检测设备研制

饮用水水质安全一直是部队关注的焦点，要保障官兵身体健康，水质安全是前提，如何快速、准确、科学地对饮用水做出监测评价是水质监测设备研究的重点。根据部队供水保障需要，军队组织技术人员研究开发了应急供水检水检毒箱。该检水检毒箱可以现场检测 30 余种污染物，检测采用目视比色法，每种监测污染物可在 5 min 内完成测定，操作简单，携带方便，现已装备到野营多功能净水车上。

为了实现野外水质的快速实时检测，某军队院校开展了水质现场快速分析仪的课题研究工作。课题组利用电化学传感器技术成功研制了集数据采集、计算、分析与报警等功能于一体的高度智能化水质检测装置，采用多路并行检测程序实现了多个水质参数的同时快速自动检测，可以在线对水质中钡、汞、铅、氰等多种有毒元素进行在线实时同步检测；研制了测试及保养一体化系统，分体式电极组合插座、插入式全固体晶体膜离子选择电极，简化了操作，降低了成本，提高了装置的野外作业适宜性能。2009 年，该课题研究成果获军队科技进步三等奖。

2．便携式多组分复合气体检测仪研制

研发体积小、重量轻、稳定性好的复合式气体检测仪对于一些重要场合的空气污染监测和治理具有重要的意义。某研究院通过综合集成非分散红外光谱传感器和电化学传感器，采用软件的参数模型方法进行了零点校正和温度补偿，设计了一种性能稳定的便携式多组分复合气体检测仪。该装置可对密闭空间或大气环境中的痕量一氧化碳、二氧化碳、硫化氢、氧气、碳氢类可燃气体进行长时间在线固定连续监测或便携巡检。便携式多组分复合气体检测仪克服了稳定性差、标定周期短等不足，具有体积小、重量轻、检测精度高、稳定性好、功能强、维护费用低等优点。

3．防化危险品销毁处置过程实时监测设备研究

防化危险品销毁处置过程中将释放出大量的有毒有害气体。为了及时准确测定销毁过程释放出的有害气体的成分，某研究院开展了大量研究工作，采用微捕集技术制作了 TCD 400 微捕集装置，成功完成了销毁防化危险品环境废气的在线分离、浓缩和测定，并在此基础上开发了人

防化学毒剂检测仪、化学战剂报警器和毒剂监测仪等实时监测设备。

化学毒剂检测仪适用于对含硫、磷元素的化学毒剂和硫、磷化合物进行快速、准确、连续的定量浓度测定，可用于军事工事、人防工程、地铁、实验室及农药、化工、半导体材料等生产单位的现场实时长时间在线监测。沙林 GB、梭曼 GD、VX 的最小检测浓度为 8×10^{-3} mg/m^3；芥子气 HD 的最小检测浓度为 4×10^{-1} mg/m^3。响应时间为 5 s。

化学战剂报警器是一种便携式化学毒剂侦检器材，可用于检测染有神经毒剂（沙林、梭曼、维爱克斯）和糜烂性毒剂（芥子气）的空气，当毒剂达到一定浓度时，发出毒剂声、光报警，以便及时采取应急安全防护措施。该仪器可直接用于防化危险品检测销毁中化学毒剂的在线监测。

毒剂监测仪是以火焰光度检测器原理进行工作的，采用先进的智能技术研制的智能仪表，操作简单、安全可靠；可用于工事、实验室、农药、化工、半导体、科研、粮食、环境监测等单位的实时现场长时间在线检测报警或车载机动监测报警。毒剂监测仪能自动判别毒剂种类（G 类、V 类、HD），可在监测范围内设定报警点实现声光报警和报警输出控制等功能；能对含硫、磷化合物进行快速、准确、连续的定量测定。该仪器具有对主要功能参数进行自动检测的功能，是一种技术成熟、灵敏度较高的分析仪器。该仪器最小可检测浓度为：GB、GD、VX（含磷）6×10^{-3} mg/m^3，HD（含硫）3×10^{-1} mg/m^3；定量测定范围为：GB、GD、VX（含磷）8×10^{-3}～7 mg/m^3，HD（含硫）4×10^{-1}～6 mg/m^3；响应时间（接 1.5 m 进样管）为 5 s、20 s（高浓度）、90 s（低浓度）。

4．有害气体检测报警仪研制

地下工程坑道内有害气体对官兵身体健康的影响较大，为了实时检测坑道内的有害气体含量，某研究院开展了有害气体检测报警仪研究开发工作。课题组系统研究了多组分有害气体对传感器交叉干扰的消除及化学过滤吸附剂配方，采用内层电路浮空、双微处理器测控及多重积分 A/D 转换技术，研制了微功耗前置放大器和备用电池系统；运用化学吸附、电化学传感器、单片机处理等技术，首次实现了多组分有害气体和环境温度、湿度参数的检测一体化；研制了化学过滤吸附剂和自动电池供电系统，延长了传感器的使用寿命。在坑道内有害气体含量和温湿度的检测中发挥了巨大的作用。1998 年，“有害气体检测报警仪”课题研究成果获军队科技进步二等奖。

5．α 气溶胶浓度测量装置研制

针对二炮部队工作场所放射性气溶胶浓度测量工作的需要，某研究院开展了“α 气溶胶浓度测量装置研制”的课题研究工作。课题组首次提出了具有自主知识产权的“甄别能量的假符合方法”，找到了有效去除高氡对低水平人工核素 α 气溶胶浓度测量干扰的技术途径，研制了实现该方法的专用电路模块；研制了收集效率高、表面特性好的新型带状薄膜滤纸，提高了测量精度和能量分辨率；解决了 PIPS 半导体探测器温度漂移的难题；研制了精密机械传动装置，解决了自动换样、精确定位等难题：开发了功能先进、运行稳定可靠的系统软件，实现了测量过程的实时、全自动控制；解决了高氡背景下低水平铀、钚气溶胶活度浓度快速测量的世界性难题，使测量时间由 4～7 d 缩短为 0.5～1 h，探测下限在氡浓度 3 000 Bq/m^3 条件下达到了 0.08 Bq/m^3，被测物与干扰物浓度相差 4～5 个数量级，实现了二炮部队工作场所放射性气溶胶浓度的实时测量，结束了必须现场取样、实验室出结果的现状，对确保阵地环境和人员安全具有重大的军事意义和显著的经济效益。2008 年“α 气溶胶浓度测量装置”获军队科技进步一等奖。

6．核化污染监测车研制

针对导弹部队平战时放射性、推进剂、化学毒剂污染及常规环境参数监测的问题，某研究院承担了“核化污染监测车研制”的课题研究工作。课题组解决了专用仪器设备资源配置和组态的技术难题；建立了数学模型，提高了空气中微量铀的测量速度和精度；采用了具有离子迁移和模式识别功能的毒剂监测仪，开发了具有学习能力的标准谱库，实现了化学毒剂的类型识别和半定量在线监测；将电磁兼容、信息处理等技术有机融合，实现了强场源与微电路、强电与弱电、设备之间的电磁兼容，改进了仪器的传动机构，采用先进的加固技术和隔振技术解决了计算机系统及分析仪器对越野路面的适应性问题，从而实现了集放射性污染、推进剂污染、化学毒剂污染和环境参数于一体的机动快速监测，在此基础上成功研制了核化污染监测车。该监测车配备仪器设备 14 台件，均采用精度高、反应敏捷、可便携的国内外先进设备，可对 20 余项指标进行现场检测，其中放射性指标 6 项、推进剂指标 4 项、化学战剂指标 4 项、环境参数 8 项。常规监测可在 3 h 内完成对现场实时、全面的监测，应急监测能在 30 min 内判别监测车所到区域是否遭贫铀武器或核武器袭击，或判别是否受肼类污染和遭化学毒剂袭击。此外，该监测车还采用计算机对数据进行实时处理和分析，并配有数据传输接口，可即时出具监测数据及报告。这对于增强高技术局部战争中后勤综合保障能力具有重大的军事意义。2003 年，该成果获军队科技进步一等奖。

7．医院污水现场检测技术及装置

20 世纪 90 年代初，军队医院污水站管理人员大多数未经过系统的专业学习和专门培训，复杂的环境监测方法和管理人员素质水平存在一定差距，不能满足医院污水的日常效果监测和监督管理的需要。为此，某军区监测站在广泛调查研究的基础上，设计研制出了一种适用于医院污水、生活污水、部分工业废水及水源水日常效果监测的系统检测技术及装置。它能够快速、准确地测定污水中的余氯、酚、细菌总数、大肠菌群、噬菌体数量以及 pH、浊度。该课题组研制的医院污水现场检测装置的精度符合国家标准，检测技术属首创，达到了国内外先进水平，在部队医院污水处理工程中具有重要的应用前景，必将产生良好的环境效益、社会效益和经济效益。1991 年，该课题研究成果获军队科技进步二等奖。

第四节　环境管理信息化技术研究

一、军队环境管理信息系统研究

为了加强军队环境管理的科学性和合理性，提高军队环境管理信息化水平，军队环境保护和计算机科学领域的科技人员联合开展了环境管理信息化技术研究，开发了有重要应用前景的军队环境管理信息系统。

1．国防环境普查评估系统构建研究

国防环境普查是指军队为了解其所驻地的生态环境状况及其对军事活动、武器装备性能的影响情况而对环境进行的全面、系统和详细的背景值和监测结果的收集、整理等活动。为进一步加强国防环境普查评估工作，实现平时或战时军队环境普查评估工作的信息化、网络化管理以及普查评估数据的共享、实时更新等一系列相关的需求，军队组织环保技术人员开展了“国防环境普查评估系统构建”的课题研究工作。课题组研究构建了由地方环境普查评估数据库、常规武器环境影响评估数据库、其他军事因素（主要指国防工程、试验演习等）环境影响评估数据库构成的战区环境普查评估数据库以及由核、生、化武器环境影响普查评估数据库构成的军兵种环境普查评估数据库；采用三层结构模式，以数据库为核心，以业务处理为目标，通过客户端的用户界面实现了国防环境的普查和评估等相关工作，在此基础上研究开发了国防环境普查评估系统。该系统能够采集和分析军事区域生态环境现状及变化数据，为军事活动提供参考和依据，分析和总结军事活动与环境相互影响的原因及方式，为军事活动对环境的影响提供评估或总结报告，从而为环保工作提供参考依据和指导。该系统的研发为全军环境普查提供了重要的技术支持。

2．军队污染源动态管理信息系统研究

该课题组采用环境学、经济学、应用数学和计算机科学领域中的许多先进方法，首次对军队污染源基础数据进行调查分析，摸清了军队污染源的现状，统计、分析出许多宝贵的规律性数据，预测了军队环保领域的一些重要趋势，大胆尝试了用“生产函数”进行污染源治理投资评价的方法，制定了适合军队特点的污染源治理投资决策原则，提出了新颖、实用的“多属性综合目标规划决策方法”，丰富了决策理论，规范了军队污染源治理投资决策过程，建立了军队污染源动态数据库，在此基础上开创性地完成了“军队污染源动态管理信息系统”的开发研制任务。该研究课题内容丰富，涉及面广，研究难度大，研究工作取得了丰硕的成果。1993 年该课题研究成果获得了军队科技进步二等奖，已经在全军推广使用，使我军污染源治理投资决策工作的效率和质量有了显著提高，决策方式发生了较大变化，并指导了军队污染源治理工程计划的制订工作，取得了十分可观的经济效益。“军队污染源动态管理信息系统”在全军推广应用后，从根本上改变了军队环保业务管理的面貌，大大提高了管理工作的自动化水平和科学化程度，业务人员逐渐从繁重的手工作业中解脱出来。随着我军各大单位相继建立“污染源动态数据库”，全军环保领域的规划决策和管理工作更加切合实际情况，数据处理水平跃上了新台阶。

3．环境放射性水平管理系统构建研究

全球信息化技术的兴起为利用网络管理环境放射性水平提供了必备的物质基础。军队在 20 世纪 90 年代末曾经设计了一个单机版的环境放射性水平管理系统，历时多年已不适应信息化发展的要求。为此，某研究机构开展“基于 ASP.NET 的环境放射性水平管理系统”的课题研究工作。课题组通过大量的现场调查和资料收集整理，将天然放射性水平分为环境天然贯穿辐射水平、水体中天然放射性核素浓度、土壤中天然放射性核素含量等部分，将人工放射性水平部分分为大气沉降物中 ^{90}Sr 和 ^{137}Cs 的沉降量、食品中放射性比活度、水源水中的放射性比活度等部分，以 SQL Server 2000 为后台数据库，以 ASP.NET 作为开发工具，重新构建了基于 ASP.NET 的环境放射性水平管理系统，实现了对环境天然放射性水平和人工放射性水平的网络管理，便于环境放射性数据的在线查询、管理，节省了大量的人力和物力资源。课题研究成果对于军队的核事故应急救援、地方的环保工作，具有积极的促进作用和深远的意义。

4．海军环境信息管理系统研究

为了提高海军环境管理的信息化水平，军队组织相关专业的科技人员开展了“海军环境信息系统”的研制工作。该课题组以 Windows NT 为操作系统平台，以服务器/客户机形式，采用 SQL Server 7.0 大型关系型数据库和 ASP 编程技术开发了“海军环境信息管理系统”软件，利用军队计算机网络实现了污染源、港区环境、营院环境和污染治理设施、污染应急装备、监督执法、监测机构等环境信息的远程查询、评价、更新和管理。该系统在海军军港环境管理中得到广泛推广和应用，对于提高军港环境管理水平发挥了重要作用。

二、环境监测管理信息系统研发

环境监测管理主要是为环境管理部门和指挥部门提供技术支持，环境管理部门根据监测管理系统可以对管辖区域环境质量做出评价，并实现远距离控制；指挥相关部门在污染事故发生后可以在较短的时间内对事故危害程度做出评价，并根据危害程度快速进行应急处理。

1. 军队污染治理设施远程监测控制系统

军队污染治理设施远程监测控制管理系统能使环保管理部门及时、准确、可靠地掌握环保设施的运行管理信息，为考核环境管理水平和运行费提供依据。某军区组织相关专业的科技人员开展了环境监测管理信息化技术研究，开发出了基于计算机网络的军队污染治理设施远程监测控制系统。该系统由智能监测系统、智能控制系统、智能传输系统和智能显示系统组成。硬件部分由工业控制计算机、模数转换设备、总线转换设备、电源设备、传感设备、执行设备等组成；软件部分由通信软件、数据采集及实时监测软件、历史数据库系统、数据统计、报表生成系统等组成。该系统改变了传统的环境监测方法和思想，能及时反映污水排放情况及变化趋势，而且实现远距离监控，具有技术领先、投资使用成本低、开发性和可移植好等优点，有着广泛的应用前景，能够为军队污染源的治理起到良好的促进作用。

2. 给予 GIS 的环境监测信息系统

某军队院校的科技人员利用 ArcGIS 技术，将环境监测信息的管理和查询分析与 GIS 结合起来，实现了 GIS 空间分析与常规数据管理系统的无缝连接，实现了环境监测信息的综合查询分析，有力促进了环境质量综合分析水平和环境监测信息应用水平，从而更好地为环境管理提供决策。

3. γ 辐射连续监测信息系统

辐射监测是辐射环境安全管理的重要手段，为保障环境与公众不受辐射危害，建立和完善辐射环境监测管理信息系统是必要的。某部队研究设计了一种 γ 辐射连续监测信息系统，能够在平时和事故期间接受、贮存、分析、处理和发布来自辐射监测的各类数据信息、事故后果预测和评价结果等，为辐射监测的管理及应急指挥决策提供技术支持，提高环境监测管理、应急响应和指挥决策的科学性及技术含量。该系统由 γ 辐射剂量仪、GPS 卫星定位仪、数据采集系统、GIS 地理信息系统组成，应用了卫星定位技术、电子地图技术和网络技术，对平时和事故状态下的环境 γ 剂量率进行连续监测，可自动获取、存取、验证数据，并可显示查询数据、处理分析数据、发布数据，实现了多地域、大范围 γ 辐射的快速准确测量。系统自动采集和保存γ辐射剂量率、测量时间，以及测量点的位置参数（经度、纬度、高程等），并将获得的信息实时传输给计算机，并在电子地图上实时显示测量位置、γ射线剂量率以及测量路线的轨迹，实现了监测的自动化。软件系统采用模块化的设计思想，包括数据采集、通信、地图工具、系统管理四大部分。该系统的硬件设备性能稳定，软件设计先进，系统组成科学合理，已经在部队平时环境监测和应急救援中使用，性能稳定，既可用于部队的战备训练和核应急救援，也可供地方卫生、环保等部门使用。

4．基于 ZigBee 无线传感器网络技术的核辐射监测信息系统

随着信息化建设的不断深入发展，核监测的信息化、自动化、网络化需求日益增强。某部队提出了大范围、多点位、不间断的核辐射监测技术研究课题，历经两年多的技术攻关，研制成功了基于 ZigBee 无线传感器网络技术的核辐射监测信息系统。该系统通过整合 ZigBee 无线传感器网络、核辐射探测传感器、数传通信、计算机软硬件设计等技术，实现了大范围、多点位、不间断的远程无人值守的核辐射实时监测网络系统。由于 ZigBee 无线网络技术具有自动组网、自动路由的优点，且有自修复的能力，整个网络处于一个动态的平衡状态，在监测区域内的布点灵活、快捷，只要相邻的节点处于通信距离范围内就可以加入网络，可以为指挥所提供实时的、不间断的核辐射监测。

5．环境监测质量信息化管理系统

为了进一步提高军事环境监测工作质量，某军区环境监测站通过监测管理控制系统研究，建立了一套完善的环境监测质量信息化管理体系，能够指导环境监测的具体工作，使之满足规范化和标准化要求，同时实现对军队环境监测工作的监督和管理职能。该信息系统由《军队环境监测机构质量管理手册》和配套软盘两部分组成，为全体环境监测人员提供了一套完整的工作规范和工作制度，使环境监测质量管理工作有章可循。该系统制订出军队环境监测工作质量保证和实验室质量控制的具体方法、内容、程序和各项工作制度，是环境监测机构工作的纲领性文件。作为指导环境监测工作的标准程序，该信息系统起到严格控制监测工作质量的作用，保证提供的监测数据具有准确性、可靠性和公正性。该系统在全军最早推出，对军队其他环境监测机构编撰质量手册具有良

好的示范作用，已有多家单位参考和借鉴，对全军的计量认证工作起到促进和推动作用。该系统在计量认证评审中受到专家好评，认为质量较高；在工作运行中表明确实切合工作实际，符合环境监测技术要求，运行质量可靠。1998 年，该项目获得军队科技进步三等奖。

三、环境事件应急管理信息系统研究

恐怖事件的发生不仅造成直接的人员伤害，还会造成环境的污染和生态破坏，因此反恐斗争不仅局限于恐怖事件发生前的应急准备和恐怖事件时的应急处置工作，还应该包括恐怖事件过后的环境污染处理和生态恢复。为了提高环境事件应急处置管理的水平，某研究院承担了“反恐应急处置中环境保护管理信息系统的建立与运行研究”的课题研究工作。课题组分析了恐怖事件的类型和环境污染的基本特征，阐述了恐怖活动对环境造成的直接影响和间接影响，环境保护在反恐应急处置中的重要性及其任务，建立了由危害预测评估、应急评估、恐怖事件处置后环境评估、有毒有害污染物数据库、易受攻击性目标数据库、应急环境监测装备数据库、环境污染治理技术和装备数据库等组成的反恐应急处置中军队环境保护管理信息系统，这对于反恐环境的应急处置具有重要的指导意义。

应对核生化环境污染突发事件及其他突发公共事件次生、衍生的环境事件的应急处理是目前关注度较高的课题。为此，军队以“鉴定污染物质、监测污染程度、确定污染范围、提供技术支持”为主要目的，按照“常备不懈、平战结合”的原则，研制了“核生化环境事故应急决策管理信息系统”。该系统根据核生化突发环境污染事故的特点，将应急事件的管理分为相互联系的风险评价与管理、事故应急与现场处置、事件总结和后续评估三个阶段，每个阶段均在信息系统的支持下进行，使之在突发事件应急管理的风险评价与管理、事故应急与现场处置、事件总结和后续评估等环节得到全面的信息支持和保障，能够对污染事件进行及时发现、快速响应、指令畅通、处置得当，从而用最短的时间、最有效的手段将损失降到最低，显著提高我军环境应急管理水平和特种污染突发事件应急处理能力。

第五章　生态保护技术研究

加强生态建设，维护军事区域生态安全，是落实科学发展观、建设资源节约型和环境友好型社会的重要举措，是全面提高部队战斗力的内在要求，是促进军队全面建设的有力保障，是满足官兵享有良好工作与生活环境需求的迫切要求。近年来，全军部队以国家和军队有关法律法规为依据，认真贯彻落实党中央、国务院和中央军委关于生态环境建设的一系列指示，坚持环境保护的基本国策和可持续发展战略，以科技为先导，大力推动环境科技创新，跟踪军内外生态保护科技发展动态，大力开展生态保护技术研究，在军事区域生态治理、军事训练场生态修复、水资源保护与安全利用、营区节能减排等生态保护技术研究领域取得了许多有重要影响的研究成果，不断为军事区域生态保护工作提供新技术、新手段、新装备，有力推动了军事区域生态环境建设的发展。

第一节　军事区域生态治理技术研究

军事区域生态治理是国家生态建设的重要组成部分，几乎涉及国家生态建设的全部领域。随着国家生态治理和生态环境建设步伐的不断加快，军队生态建设正向着以治理军事区域内的荒山、荒地、荒滩为主的生态治理方向拓展。在全军环保绿化委员会的指导下，根据军事区域的特点和全军的统一规划，加快了军事区域三荒造林和植被恢复等生态工程建设的步伐，把生态建设与环境保护紧密结合起来，与军事斗争准备紧密结合起来，大力加强生态治理技术研究和成果的推广，推动了军队生态建设工作朝着科学化、规范化、信息化、系统化的更高目标跨越式地迈进，这对于改善军事区域生态环境质量，建立人与自然和谐发展的关系，增加国家绿色资源，创造生态安全、生态文明、生态文化的条件，为部队战备训练、工作、学习、生活提供良好的生态环境和生活环境，促进部队物质文明、精神文明以及军队的全面建设，都有着十分重要的意义。

一、营区人工生态环境优化技术研究

生机勃勃的营区环境是生成战斗力、凝聚军心的重要条件，是促进和保障军队建设全面协调可持续发展的基础，是建设资源节约型、环境友好型社会的重要组成部分。从四旁植树到园林式营院，从园林式营院到绿色营区，从绿色营区到生态营区，营区环境建设正由单一绿化、美化逐步向生态环保型转变，营区环境质量明显提高，为部队的战备训练和官兵的日常生活创造了安全、自然、优美、舒适的环境。

某军区仓库利用生态建设契机，组织技术力量开展了“营区人工生态环境优化及工程实践”的课题研究工作。课题组通过环境质量现状调查，掌握了仓库所在区域内水源、土质、气候等特征和生态环境现状，编制了仓库荒山荒坡造林规划；通过实验对比分析，提出了常青树与落叶树、用材林与果木经济林、竹林与花草相结合等多种栽种方式，在营区地界红线 3 m 以内种植刺槐，在山顶坡地种植速生用材林，在山脚平地种植果木经济林，在库区公路两旁及库区周围种植香樟、水杉、泡桐、杜仲、香椿等树木；根据农作物的时令性特点，利用果树与农作物生长的时间差，在果树间套种红薯、冬瓜、南瓜等蔬菜，基本满足了生活菜篮子；通过多年的工程实践，构建了以森林—果园—养殖—种植—沼气等生物链反应为核心的生态系统；对改善仓库驻地城市的生态平衡起到了积极作用，走出了一条集绿化、种植、养殖于一体的生态循环发展之路，产生了良好的生态效益、经济效益和社会效益。

某军队院校整体搬迁时，组织环境工程、市政工程、建筑规划等相关学科的专家成立了新校区生态环境规划和设计课题组，对新校区生态环境建设进行了全面科学的规划和设计，提出了“人与自然协调共生”的生态环境建设的指导思想，坚持抓绿化和美化的有效结合，科学合理搭配、选种适宜植被，注重突出营区特色，全面提高营区的综合品质；采取以圃代园的方式，提高预留发展用地的土地使用效率；通过雨污分流和中水回用的方式，增加再生能源的使用效率；特别是在绿色建筑节能方面大力开展科技攻关，在环境生态化补偿、建筑结构体系优化、室内环境控制、能源系统平衡、水资源循环利用及智能化监控六个方面取得了许多创新性的研究成果，并在新校区外训楼的建设中得到了推广应用，走出一条能源消耗低、环境污染小、资源利用率高、综合效益好的可持续发展新路子，营造出一片绿树成荫、流水潺潺、鸟语花香、景色宜人、自然和谐的军营风光。

二、荒漠化地区生态治理技术研究

我国幅员辽阔，军队驻地众多、分布面积广，无论是华北平原、黄河三角洲，还是新疆、西藏等边陲地区，各种类型的荒漠化在军队驻地均有呈现。驻地荒漠化在不同程度上使得部队训练、机动都受到空间、时间的限制，给官兵的生活带来不可避免的困扰，也在一定程度上影响到官兵的身心健康，使其产生消极、负面的情绪。为了加强荒漠化地区生态治理的步伐，全军把“治理荒漠化土地，改善驻地生存环境”作为头等大事来抓，明确了“治理风沙”和“改良盐碱”两条主线，下大力搞好科技攻关，积极探索盐碱荒滩造林绿化规律，总结出了“农、林、水有机结合，乔、灌、草因地制宜”的荒漠化土地治理模式，在改土治碱方法、耐盐碱树种培育、混交造林技术等方面取得了重要的研究成果，并在军事区域生态恢复和治理工程中得以推广应用，产生了明显的军事效益、生态效益和社会效益。

1．盐碱地治碱造林技术研究

针对盐碱地树苗成活率低、造林技术难度大的难题，军队环保绿化专家大力开展技术攻关，提出了改土治碱的新方法，采用灌水脱盐、挖沟排碱、种草压碱、高垄造林、刨地筛沙造林等办法，较好地解决了树草成活难的问题；选育了耐盐碱树种，确定了柽柳、枸杞、沙枣、苦豆子等抗盐碱能力强的树种，从而攻克了盐碱地造林技术中的关键难题，提出了改土治碱、树种选育以及树苗出圃、包装、运输、栽植过程中保持苗木较好的新陈代谢能力的措施。该研究成果在部队营区生态建设中得到了广泛的推广和应用，取得了盐碱地绿化成活率达到97%以上的骄人成绩。

2．滨海盐碱地刺槐直播造林技术研究

滨海盐碱地区造林绿化工作制约因素较多，树种、水源、蒸发量和盐碱程度等任何一种因素都会影响工程的成败。为此，军队环保绿化专家与地方科研单位合作，开展了滨海盐碱地造林树种选育研究，成功引进和选育了刺槐、107 杨、园蜡 1 号和 2 号、竹柳等 20 多个本地适生树种，在具体工程实践中检验了刺槐的抗草荒性、107 杨的速生和抗风沙性、园蜡系列和竹柳的耐盐碱性，完成了《黄河三角洲刺槐林生长力衰退机理及林分更新恢复技术研究》课题，并通过国家林业局以及山东省科技厅专家组的验收，荣获山东省科技进步二等奖。

同时，为了解决营造刺槐林中人工植苗法存在的费时、费力而且受水浇条件限制大的问题，军队环保绿化技术人员开展了刺槐直播造林技术研究，根据沙化区地势平坦、刺槐种子萌芽力强等特点，成功试验了雨季机械直播造林法，进入雨季后使用机械直播刺槐种子，造林速度大大提高，从每人每天种植 5～8 亩[①]提高到了每台机械每天播种 200～300 亩。该项技术成果获全军科技进步二等奖。这些成果在黄河三角洲某基地荒漠化防治中得到推广和应用，取得了显著的生态效益。

3．滨海盐碱地混交造林模式研究

为了从源头上杜绝单一树种造成森林病虫害大面积暴发的现象，军队环保绿化技术人员在黄河三角洲农副业基地荒漠化防治中进行了混交造林模式研究，与地方科研所合作，营造了 7 个树种、12 种模式的混交林 1 500 亩，试验成功并大面积推广了刺槐与榆树、臭椿与刺槐的行间混交、株间混交、带状混交等多种混交模式，不同树种间优势互补，有效促进了树木的生长，为基地乃至黄河三角洲地区造林树种与模式选择提供了基本方法。该成果获全军科技进步一等奖。

4．滨海盐碱地白刺人工造林技术研究

白刺是一种蒺藜科匍匐生长的落叶小灌木，极耐盐碱，可在含盐量1%以上的光板盐碱地上生长，能防风固沙，阻止土壤被侵蚀，是滨海重盐碱地造林的理想树种。但野生白刺在自然状态下的种子发芽率仅为0.75%，而且幼苗保存率也很低。为此，军队环保绿化专家从改善种子

① 1 亩≈0.066 7 hm^2。

及苗木的生存环境入手，解决了种子发芽率低和造林成活率低的难题，摸索出一套人工造林配套技术：对种子进行沙藏处理，使种子发芽率提高30%；采用容器育苗，局部优化幼苗生存环境，提高了育苗成功率；用两年两次耕翻、两次耙地的整地方式降盐灭草，造林成活率在90%以上，保存率在80%以上。研究成果在沿渤海湾含盐量较重的盐碱荒滩推广和应用，在黄河三角洲某生产基地建设白刺纯林5 000多亩，白刺和柽柳混交林10万多亩。1998年，该成果获军队科技进步二等奖。

5．黄河三角洲生态经济林开发技术研究

根据“生态治理为主，兼顾产业建设”的发展思路，在滨海盐碱地重点建设生态防护林的同时，大力发展经济林和林产业，完成了“优质果苗试管快速繁殖的研究与开发”和“黄河三角洲苹果幼树优质丰产开发研究”等课题的研究工作。

课题组针对苹果园病虫害严重、早期落叶、结果量少且质量差等问题，提出了冠内重施有机肥、地面覆草、挖排碱沟、增施生理酸性肥料等一系列处理措施，强化了根系功能，并建立土壤—根系—枝叶—环境相统一的优化组合体系，仅用三年时间，使土壤有机质含量由0.6%提高到1.1%，土壤盐碱度下降了0.1%，苹果亩产量由180 kg提高到2 400 kg，取得了良好的经济效益、社会效益和生态效益。1995年，该项成果获得军队科技进步二等奖。

根据林果业的生产形势，课题组利用现代生物技术在无菌条件下，将离体的植物器官培养在人工配制的培养基上，给予适当的培养条件，使其长成完整的植株；探索出乌克兰系列大樱桃、美国草莓及苹果抗性砧木等高新特优品种试管快繁系统完整的技术和方法；筛选出继代、生根的最优培养基，大幅提高了繁殖系数，解决了生根、移栽难的问题，使生根率和移栽成活率均达到了95%以上，最大限度地缩短了新品种的市场投放周期。该课题组研究内容广、难度大，其技术在军内领先，部分技术填补了国内空白，具有较高的科学性、先进性及较强的实用性，有显著的经济效益、社会效益。2000年，该项成果获得军队科技进步三等奖。

三、干旱半干旱地区生态治理技术研究

地处河北、山西、内蒙古、陕西、甘肃、宁夏等省区内的部分军事区域属于土质、石质山区。这类区域平均海拔不高，但气候比较寒冷，降水少，雨季短，旱季时间长，年均降水量 200～700 mm，属典型的干旱半干旱地区，生态环境脆弱，部分山地石质化严重，森林植被恢复困难，军事区域生态治理难度大。为此，军队环保绿化科技人员根据该类地区生态环境特征，大力开展了旱半干旱地区生态系统恢复和重建技术研究，不断创新干旱半干旱地区军事区域的植被恢复技术和模式，并取得了重要的研究成果。

1．西北干旱半干旱地区生态系统恢复与重建技术研究

西北干旱半干旱地区的生态环境极端脆弱，限制了该区域社会经济的发展。要想实现西部社会、经济的协调发展，必须认真研究在全球变化的大背景下，该区生态、气候环境形成的内在机理和外部原因、历史演变规律、未来发展趋势，从而找出一条适合西部发展，又有利于生态环境改善，并能大幅提高社会经济总量的途径，这正是全球变化适应性研究的核心表述。为此，军队某研究所利用先进的气候动力学理论和系统分析方法，建立了以卫星资料为主要信息源的土地利用和地表覆盖资料数据库，并以此更新了气候模式的下边界条件，提高了气候模式的模拟精度，完成了不同版本的有限区域气候模式与全球环流模式的灵活嵌套，并以此研究了干旱半干旱地区主要生态系统与气候系统的相互作用过程，以及大范围 LULC 变化后的气候效应；研究了干旱半干旱地区森林、草原、湿地等生态系统的退化机理及恢复措施，提出了不同立地条件、不同程度的退化生态系统恢复和重建的生态学理论；同时研究了利用禾草类造纸企业制浆废液制备固沙木质素的高分子合成机理、途径及结构特性，验证了木质素固沙材料的固沙原理和生态功能，将造纸厂治污、沙漠化治理、生态环境建设等有机结合，开拓了治沙新途径，具有重要的实用价值。该课题组在研究全球变化与生态系统适应理论的同时，注重我国干旱半干旱地区退化生态系统的恢复和重建等一系列生产实践活动，达到了理论与实践的有机结合和高度统一，丰富了全球气候变化研究的内涵，是全球变化研究领域的创新性工作，为我国干旱半干

旱地区的生态恢复提供了一套切实可行的技术路线，其研究成果对我国西部沙质荒漠化治理、生态环境建设以及社会生态经济可持续发展具有重要的理论和实际意义。

2．干旱半干旱山区阳坡造林技术研究

在干旱半干旱山区荒山秃岭上植树，由于缺水，树木成活率很低。为了提高树木成活率，某军区组织专家采用营养袋育苗、小反坡造林等技术攻克干旱阳坡造林难关，提出了蓄水保墒的方法，种子发芽率达到96%以上；通过试验确定了山顶以榆树、柠条为主，山坡以杏树、槐树为主，坡底以杨树为主，山路两侧以云杉、马尾松、丁香、榆叶梅、刺梅等观赏性林木为主的树种选择原则；建立了“带冻土移苗”“营养钵植树”等科学植树方法，采取三季造林措施：春季栽植树苗，夏季种植树籽，秋季补种、补栽，春、秋两季抗旱浇水，实现了绿化成活率达95%以上。该成果在燕山地区驻军大面积推广，建设的“万亩林场”“千亩果园”效益良好。

3．西北缺水地区三荒造林技术研究

西北地区气候环境恶劣，常年干旱少雨，植被稀少、水土流失严重，土壤盐化、碱化、沙化十分严重，治理难度很大，植树造林存在着成活难、生长难和管护难等突出问题。为了贯彻落实中央军委支援西部大开发的号召，改善驻地生态环境，军队承担了兰州市南北两山面积最大的大砂沟绿化基地的建设任务。军队环保绿化科技人员以防风治沙、改善驻地生态环境为目的，大力开展绿化技术研究，在大砂沟绿化基地建设工程项目建设中取得了令人瞩目的成绩，实现了“两年建成、三年见效、四年成景观”的建设目标。

在兰州市南北两山绿化指挥部的具体指导帮助下，军队按照宜林则林、宜草则草的原则，科学设置林区布局，确定了乔、灌、草相结合的立体绿化方式；通过对当地的气温、降水特点和土壤类型的分析研究，培育了侧柏、刺柏、榆树、红柳、沙棘、山杏等30余个抗旱耐寒优良品种；通过多年的工程实践，提出了“荒山水平沟蓄水造林技术”，根据不同的土壤条件，采用水平沟、水平台和鱼鳞坑相结合蓄水，较好地收集了天然雨水，减少了水土流失和水分蒸发，既起到了蓄水保墒的作用，又尽可能地保护了原有的植被，有效地提高了干旱地区苗木的成活率；为了解决驻地干旱少雨，集水、保水、补水难的问题，提出了“三水造林技术”，以整地措施为基础形成有效的集水面收集雨水，通过树穴覆膜有效防止了地面蒸发，从而起到了很好的保墒作用，在严重旱情时期利用附近水源或集蓄的雨水对苗木补水，确保成活；根据不同的地形条件，采用了滴灌、喷灌、窝灌相结合的多种灌溉方式，既节约了用水，又增强了绿化效果；在苗木栽植中开创了“树穴换表土造林技术”，采取树穴换表土、表土做肥方式，坚持乔、灌、草相结合的科学种植方式，增加了植被的自我调节能力。通过这些技术的研究和应用，提高了林木对水分的有效运用，减少了人工灌溉水量，改善了土壤性质，提高了树木的综合抗性，达到了降低管护成本的目的，有效提高了苗木的成活率和林区覆盖率。目前大砂沟绿化基地树木生长旺盛，绿化植被覆盖率达 90%以上，成了兰州市南北两山绿化的“窗口示范”单位。

4．戈壁荒漠造林实用化技术

担负战略、战术武器科研试验和卫星、载人飞船发射等重大任务的原总装备部所属部队大都分布在戈壁荒漠，恶劣的自然环境不仅严重影响着国防科研试验的组织实施，而且缩短了各种实验设备设施的使用年限。原总装备部把改善科研试验场区生态小环境与驻地生态大环境相结合，发扬“特别能吃苦，特别能战斗，特别能攻关，特别能奉献”的载人航天精神，以防治荒漠、恢复植被、改善环境为重点，积极开展三荒造林，大力推进营区生态环境建设，在戈壁荒漠和荒山上筑起了一道道绿色生态屏障，昔日“地上不长草，风吹石头跑”的戈壁荒漠正在变成沙漠绿洲和塞上江南，三荒造林创造了明显的生态效益、社会效益和军事效益，为武器装备科研试验任务的圆满完成做出了积极的贡献。

驻扎在戈壁荒漠的营区大多环境恶劣，如何在戈壁荒漠和荒山上让草木成活、让绿洲扎根，成为三荒造林能否成功的关键。为此，课题组按照科学发展观的要求，坚持因地制宜、规划先行，组织有关专家深入各单位进行实地调研，按照“宜林则林，宜灌则灌，宜草则草，宜封则封，适地适树”的原则，科学制定三荒造林长远规划、年度实施方案和作业设计；组织军内外专家联合攻关，先后总结并探索出了灌水冲洗脱盐、挖沟排碱、高垄造林、开沟积沙等多种戈壁荒漠造林实用技术，较好地解决了我国戈壁造林成活率低的难题；积极与地方科研部门合作，开展绿化植树引种实验研究，成功引进了 70 多种适合戈壁荒漠生长的植物品种，丰富了绿化物种资源，较好地解决了戈壁荒漠、荒山及盐碱地的造林难题；通过引进野生麻黄草驯化技术、ABT 生根粉、生态型保水剂等先进科技成果，大大提高了造林成活率；结合三荒造林，与中国科学院兰州沙漠研究所开展了铁路专用线沙害治理研究，用生物手段成功解决了防风固沙问题；采取建拦水坝蓄雨水、利用生活污水等办法开辟水源，推广应用喷灌、滴灌等先进节水灌溉技术，使节水灌溉面积达到 5 000 余亩，为三荒造林工作的可持续发展奠定了坚实的基础。

四、高寒山地地区三荒造林技术研究

高寒山地地区昼夜温差大、冬季寒冷漫长、极端温度低，冬季易出现冻雨或冰雪灾害，从而影响该类地区林木的成活率。为了探索高寒山地地区三荒造林的科学规律和方法，军队组织环保绿化技术人员深入场区进行调查研究，较详细地掌握了该类地区地形、土质、气象、植被等资料。军队针对高寒山地地区的典型气候特征，通过大量的实验研究科学确定了适应该地区不同海拔生长的苗木品种：2 600 m 以下地区，杞木、华山松、日本落叶松等多个品种的树苗均可选用，但选择生长速度相对较快的杞木、华山松更易成林；2 600 m 以上地区，选择能适应寒冷、干旱缺氧环境的高山松、冷云杉。

为了增强高寒地区种苗的适应性，军队环保技术人员先后开展了“低育高植”“直接点播”“高育高植”和培育“裸根苗”“袋装苗”等多种育苗和种植技术研究，通过实践确定了“高育高植”“袋装苗”和“裸根苗”混合并以“袋装苗”为主的育苗及栽种方式，为确保高寒山地地区三荒造林任务的圆满完成提供了重要的技术支撑。该成果在某军区训练基地训练场三荒造林工程中得到推广和应用，取得了显著的生态环境效益，场区林木成活率达到 85%以上，林木和草覆盖率达到 92%以上，水土流失得到有效控制，气候变化趋稳，冰雪灾害减少，生态环境得到明显改善。

五、沙化地区三荒造林技术研究

沙化地区自然条件恶劣，降水量少、气候干旱，沙尘暴天气多，风沙危害和土地风蚀沙化较严重，冬冷夏暖、昼夜温差大，沙地渗水性强、持水性弱，毛管孔隙不发达。风沙区的干旱、低温、风沙、风大等限制因素，严重制约了植被的生长繁育，加之积水、蒸发量大，沙化地区低洼地的土壤都存在不同程度的次生盐碱化，进一步恶化了林木立地条件。

为了确保沙化地区种植的苗木成活成林，发挥较好的生态效益，军队环保绿化专家针对气候干旱、土地沙化、土壤贫瘠的恶劣条件，以科技为先导，以防沙、治沙为重点，以“改善生态环境”为主题，大力开展三荒造林技术攻关，在不同地形、不同土质进行了侧柏、油松、樟子松、榆树、杏树、杨树、柠条等20多个树种的栽植试验，优选出侧柏、榆树、沙枣、樟子松、山杏、柠条6个树种，作为风沙地区造林的主要树种。经过反复试验摸索，改变了单一季节造林的做法，实行春、夏、秋三季造林，大大加快了绿化的进程。依据各树种的不同特点，结合科技手段，广泛采用容器袋、保水剂、生根粉等植树方法，提出了深坑低栽、贴壁深栽、带土团栽植等抗旱技术，确保林木成活率达到85%以上。本着因地制宜，因树制宜的原则，提出了不同地质上的种植方法，总结了“深够、根展、苗正、行直、土实、水透”的栽植经验。

这些研究成果和经验在某军区靶场防沙、治沙绿化工程中得到推广应用，有效改善了部队训练环境，保护了军事设施，为首都北京筑起了一道绿色屏障，产生了极大的生态效益、社会效益和军事效益，也为当地治沙绿化树立了样板，带动了当地退耕还林和防沙治沙工程建设。

六、空军飞播造林技术研究

飞机播种造林是一种运用现代科学技术进行植树造林的方法，具有速度快、效率高、用工少、成本低等优点，尤其是在地广人稀的偏远山区和风沙危害地区更能显示其优越性。人民空军将飞播造林作为支援国家经济建设、造福社会、造福人民的一项重大战略任务，充分发挥政治、装备、技术、人才和突击力强的“五大优势”，每年根据国家改善生态环境的总体计划和要求，主动申领任务，抽调优秀飞行人员和专业飞机，高标准完成这项重要任务。30多年来，人民空军先后在西北、西南、中部、东北大地飞播造林6 780万亩，从北疆干旱地区到南国苗岭山寨，从乌兰布和沙漠边缘“锁边绿洲”到云贵高原“植被恢复”，空军机翼掠过的地方出现了无数的绿色诗行，为国家生态环境建设做出了重要的贡献。同时，人民空军针对制约飞播造林的瓶颈问题积极开展科学技术研究，并将研究成果广泛应用于飞播造林中，实现了理论与实践、科研与生产的有机结合，充分发挥了科技推广作用。

为了掌握飞播造林的规律和特点，提高飞播造林质量效率，空军部队官兵积极探索和创新飞播造林的方法和技术，先后走访了上百个林业部门，足迹遍及每一个播区的山山水水，针对播种区域的生态气候条件，摸索出了适合各个地区的飞播方法，总结出“播撒前仔细验种，确保种子质量；雨季前及时播种，确保出苗率；作业中均匀播撒，防止孤立成林”等经验，并在全国推广。

为了解决飞播落种率低的问题，空军技术人员经过反复试验，确定了不同种子落种时的比值和定量孔的控制开度，成功解决了大小轻重不一的种子播撒均匀问题，研制了出风门、风动等装置，提高了播撒种子的均匀度，为实现每平方米 24 颗左右的落种率，种子保存率、出苗率和每平方米苗木株数均达国际先进水平提供了有力的技术支撑。

同时，空军部队及时把航空技术装备发展成果运用到飞播实践中，开展通信指挥、航空气象、飞播作业等领域的科研攻关，改装具有卫星导航系统的专用飞播运输机，研制出“空中可调试定量播种器”和“飞机烟条播撒系统”，提高飞播精度和陌生地域作业能力，填补了 6 项飞机播种造林的技术空白。特别是组织技术人员探索了沙区降雨规律和不同时间风速、风向的变化规律，成功解决了沙区飞播后种子位移、风蚀等难题，这项至今在实验室内无法完成的科研成果，获得了国家科技进步二等奖。

第二节　军事训练场生态修复技术研究

军事训练是提高战斗力的根本途径，也是军队履行职能的重要保证。训练场实战训练与演习是“战场网络”“电子战”演练、多媒体模拟等模拟训练不能替代的重要的训练方式。由于人多的演练基本模拟实战，尽管规模较小，但炮弹、炸弹、烟幕弹等爆炸物，火焰喷射器喷射的燃烧物，还有参训的车辆、人员等都会对场地的土壤、空气、水环境、生态环境带来影响，造成生态恶化。训练场的生态恶化不仅会降低军事训练、演练的效果，还会波及周边的生态环境。训练场的生态环境恢复不但提高了生态环境质量，而且是实施军事训练场可持续发展战略的重要保证，因此，军事训练场环境质量的恢复是一个需要研究的课题。

军事训练场的军事训练区主要包括实弹射击区、车辆维修保养区和车辆行驶训练区。实弹射击区由于步枪、火炮、坦克等各种轻重武器的演练，演练过程中会在实弹射击的落弹区产生大量的弹头和弹片。这些弹头和弹片在土壤中残留，长期腐蚀并迁移后，导致落弹区及其周边土壤重金属污染严重。由于弹头内所含金属元素的不同，不同训练场地的重金属主要污染类型也就不同。轻武器打靶场主要为 Cu、Pb 污染，坦克射击区主要为 Cu、Pb、Zn、Co、Ni 污染，而炮弹落弹区则主要是 Cu、Pb、Zn 污染。军事训练期间，各种车辆在训练场地的使用、维修和保养，装备用油在使用过程中的泄漏和滴漏，甚至事故溢油，车辆训练和使用过程中的尾气排放都可引起训练场地大范围的有机污染。

军事训练场的这些污染物通常毒性大、难降解，具有“三致”效应，会长期存在于土壤环境中，具有隐蔽性、长期性和不可逆性，一旦污染便很难恢复。由于土壤有机污染的特点，污染物往往要通过粮食、蔬菜进入食物链，最后危及人畜健康才反映出来。为此，军队环保技术人员针对军事训练场的污染现状，大力开展了训练场重金属污染和有机污染修复方法和技术研究，并取得了许多创新性的研究成果。

1．射击场重金属污染场地调查与生物有效性评价研究

开展不同自然环境条件下射击场重金属污染调查及弹头腐蚀、迁移规律的研究，将为评估射击场污染状况和环境生态风险，以及开展重金属污染的治理修复提供依据，这对于射击场及轻武器试验场的可持续利用与发展具有重要意义。为了解射击场土壤中重金属的污染特征，某研究院开展了射击场重金属污染场地调查与生物有效性评价研究。课题组通过采集某轻武器射击场土壤样品，系统开展了样品中 Pb、Cu、Zn、As、Sb、Hg 等重金属含量，P 元素含量，以及土壤理化性质的分析，探讨了土壤弹头合金含量、射击场铅弹及 TOC、重金属含量随土层深度的变化规律，对土壤中重金属的组合污染特征进行了研究，对土壤中 Pb 的赋存形态和生物有效性进行了评价，探讨了土壤理化性质对铅弹

合金腐蚀作用的影响。课题研究结果表明，射击场铅弹合金的污染主要集中在土壤表层到 30～35 cm 的深度范围；铅弹合金对射击场土壤的污染具有 Hg、Pb、Cu、Sb、Zn 的组合污染特征，与弹药中重金属元素的组成基本一致，有 2.4%～6.6%的弹头合金溶蚀进入土壤；提高土壤的 TOC 含量、降低土壤的 pH 和提高土壤的 Eh，会使弹头合金更容易溶蚀进入土壤环境；随土壤深度的增加，Pb 的生物有效性降低。增加土壤 TOC、降低 pH 或提高 Eh，将导致土壤中 Pb 活动性的增强和生物有效性的增加。课题组的研究结果为射击场重金属污染的环境和生态风险评价及污染防治提供了科学依据。

2．射击场土壤铅污染植物修复技术研究

射击场是部队日常训练中不可或缺的重要军事场所。射击训练引起的土壤重金属污染日益严重，并通过饮水链、食物链、呼吸链严重影响了参训官兵的身体健康和射击场的可持续利用。开展射击场重金属污染土壤环境修复技术研究是军队环境保护工作中迫在眉睫的重要任务。为适应我军新时期对环境保护工作的需要，保护和改善我军射击场的土壤环境质量，确保我军参训人员的健康不因环境污染而受到损害，实现我军射击场的可持续利用，提高我军在世界军事环境保护中的地位和作用，某军队院校开展了射击场土壤 Pb 污染植物修复技术课题的研究工作。课题组系统调查了不同类型射击场的土壤重金属污染特征，发现 Pb 是最为严重的污染元素，在此基础上，筛选出了对 Pb 富集效果最佳的蜈蚣草，对比分析了蜈蚣草耐受和富集 Pb 的机理特征，研究了化学强化措施和外源炭调控措施对土壤中铅赋存形态及蜈蚣草修复效果土壤中铅化学形态及其迁移性的影响。课题研究成果为后续示范性射击场土壤 Pb 污染的修复工程提供了技术支撑，这对于射击场及其周边环境的生态保护，参训官兵的身体健康，以及推动射击场土壤 Pb 污染治理的深入发展，具有重要的理论和现实意义。

3．中南某训练场生态恢复植物修复技术研究

中南某军兵种合成训练场占地面积 120 km^2，1952 年启用，原为荒山丘陵，主要任务是组织师、旅、团部队的合同战术实兵检验性演习，进行炮兵、装甲部队、空军等各兵种的军事训练，协调和保障部队、院校进场住训。装甲兵、各兵种合成训练场和炮兵、空军靶场等在整个训

练场中仅占 1/4 左右，但在实弹训练时，若不对废弃物进行清理、整治，训练场的土壤、空气、水体等将受到较大污染。为此，军队环保科技人员开展了“中南某训练场生态环境调查与恢复技术”的课题研究工作。课题组对该训练场进行详细的污染调查，结合训练场的地形、训练兵种、训练科目，研究提出了该训练场的植被修复技术方法，制定训练场的生态恢复方案：一是在各兵种训练场四周栽种树木进行生态植物修复；二是在空军靶场、各兵种合成训练场植草；三是在西炮兵靶场与各兵种合成训练场之间布置疏林地；四是实弹射击时发生火灾，炮兵靶场、空军靶场与林地留一定距离的隔离带；五是根据土壤偏酸性的特点，树木选用外国松和杨树混合树种。该课题组提出的植物恢复方案实施后，先后按规划种植树木 8 400 hm^2，经过 20 余年的植物恢复，目前森林覆盖率达 70%以上，土壤湿度平均达 35%，有机质含量平均增加 80%，涵养水分约 5 000 万 t，每年减少水土流失量约 300 万 m^3。弹片清除率在 90%以上。尽管各部队按训练计划都进驻训练场进行各种训练、实弹射击等军事活动，训练场的土壤、空气、地表水等环境质量良好，分别达到《土壤环境质量标准》二级、《环境空气质量标准》一级和《地表水环境质量标准》II 类标准，地下水也未受到污染，训练场植物恢复取得了较好的效果。

4．西南某军事训练场环境修复技术研究

为了有效解决西南某军事训练场场地污染问题，某军队高校组织技术人员承担了“西南某训练场环境修复技术研究”的课题研究工作。课题组通过现场监测和分析探讨了训练场区的污染规律和特点，即该训练场的炮弹落弹区和坦克射击区的土壤均受到了重金属污染，整体处于轻度污染状态，在落弹区存在一定的中度污染区域，不存在严重污染区域，总体上坦克射击区的重金属污染元素种类较多，污染状况较复杂，污染程度较炮弹落弹区严重。同时，结合训练场所在地日照较长、冬春干旱、夏秋湿润、雨量充沛、适应种植各种农作物和经济作物等特点，课题组研究提出训练场环境修复措施：针对每个落弹坑，用人工方法彻底调查落弹坑周边土壤中是否留有未爆炮弹及炮弹残片，采用金属探测器辅助完成，并彻底清理掉这些潜在的重金属污染源，并对清理出的未爆炮弹及炮弹残片进行回收利用，采用植物修复技术中的植物提取技术，利用重金属超积累植物对土壤进行整体修复；针对落弹区所含残留炮弹残片较多，土壤重金属含量较高，首先采用物理方法将土壤中的残留炮弹残片清除，由于坦克炮弹的残片体积较大，有很高的回收利用价值，可采用金属探测器等辅助仪器，然后人工将土壤中残留的坦克炮弹弹片彻底捡除，以避免其中的重金属持续进入土壤导致二次污染，并回收利用，实现重金属的废弃物资源化，最后采用植物修复技术中的植物提取技术，利用重金属超积累植物对土壤进行整体修复；针对非落弹区土壤重金属含量较低，但部分区域土壤表层板结硬化严重的特点，首先采用物理机械方法将部分板结硬化的土壤表层进行松土耕作，然后对耕作后的土壤的理化性质进行改良，采用部分当地易成活的优势植物种类，播种于耕作后的土壤中，并加入氮肥、磷肥等，使其适合于植物生长，最后采用植物修复技术中的植物提取技术，利用重金属超积累植物对土壤进行整体修复。

第三节　水资源保护与安全利用技术研究

水资源与环境关系国民经济建设的可持续发展，同时对军事活动有着非常重要的影响。大力加强水资源保护，对人类自身的生存以及社会经济的可持续发展均具有重要而深远的意义，一方面要加强水环境的保护与治理，解决好尖锐而紧迫的水环境污染问题；另一方面要采取有效措施加强水资源的合理开发和安全利用。军队高度重视水资源的保护和利用，在大力加强军事区域水环境污染治理的同时，紧密围绕军队战备训练、军事活动的水资源的开发与利用，大力开展了珊瑚岛礁淡水透镜体可持续开发利用、海水淡化技术、营区中水回用技术、安全用水技术等领域的研发工作，并取得了许多重要的研究成果，先后获得多项国家及军队科技进步奖，获得多项专利。

一、珊瑚岛礁水资源合理开发利用技术研究

西沙群岛环屹在我国南海中部，由 32 个平均面积不足 0.5 km^2 的珊瑚岛礁组成，距离海南岛平均约 400 km，其中主要岛屿驻有海军部队，是我军控制南海约 300 万 km^2 海洋国土的重要前进基地，也是我国舰船

南下太平洋、西出印度洋的咽喉要道。由于特殊的珊瑚地质条件，岛礁上的淡水资源严重匮乏。多年来，西沙军民长期从海南岛远距离运水，每人每天只有 10 L 的供水定额，加上高温、高湿、高盐雾的恶劣气候环境，驻岛军民的生存极其艰难，同时，海上运水经常受到台风和敌国舰艇的双重威胁。水，成为制约我军守卫南海的重要战略资源。西沙各岛均是热带海域的小岛，淡水资源来自每年的降雨。据统计，自 1989 年以来，永兴岛年平均降水量为 1 595 mm。根据该岛面积计算，每年可承接雨水约 270 万 t。其中一小部分被岛上植被截留蒸发，但绝大部分降至地面，通过碎屑、沙土和土壤渗入地下形成淡水水体。珊瑚礁岛地下的淡水因其存在形态为中间厚、边缘薄，宛如一枚透镜，故被称为“淡水透镜体”。淡水透镜体是可再生资源，但又十分脆弱。降雨是对淡水透镜体的回补，促其再生，抽取和渗漏又使其缩小。如果抽取量和抽取强度过大，会使海水上涌，形成“倒锥”，击穿透镜体，将一个大的透镜体分裂成两个或多个小透镜体而使淡水贮量大大减少，并使地面植被枯死，其破坏是难以恢复的。

为了充分、安全、持续地开发淡水透镜体，需要对淡水透镜体的演变过程进行模拟，同时研究其存在状态和影响因素，以便提出科学的开采战略。为此，军队开展了珊瑚岛礁水资源开发利用项目的研究工作。课题组围绕解决珊瑚岛礁水资源开发和西沙淡水供应问题，在国内首次对珊瑚岛进行了全面的水文地质勘测，发现了淡水透镜体的存在；首次系统地研究了珊瑚岛礁淡水透镜体的形成机理、稳定条件，为岛水的开发利用奠定了可靠基础；建立了淡水透镜体的数学模型，并准确地模拟了淡水透镜体的存在状态和空间分布；提出了岛水合理利用的技术路线与净水工艺流程，并研制出电凝聚法岛水处理一体化净水装置；系统地提出了珊瑚岛礁淡水透镜体利用战略，这对于确保淡水透镜体稳定、持续、安全地开采应用，具有重要的理论意义和实用价值。该课题组解决了珊瑚岛礁军民的供水难题，满足了驻岛军民的生活用水要求，对于提高部队战斗力、巩固国防、保卫与开发南海都具有重大的军事意义和社会效益。2003 年，该课题研究成果获军队科技进步一等奖，2004 年获国家科技进步一等奖。

二、饮用水贮存与安全利用技术研究

我军因地域辽阔，各地自然状况不同，供水状况差异大，总体情况是一般水源区供水充足，“三北地区”及边防供水紧张。我军多数部队驻守在远离城镇的地方，缺水现象常有发生。另外，在战争状态下，我军可能因水源被污染、给水系统被破坏等原因而得不到饮水，因此，无论是从战时还是从平时考虑，贮存饮用水都很有必要。但饮用水在贮存过程中，水质会发生变化，从而影响饮水安全，给官兵的身体健康带来影响。为此，军队的环保技术人员开展了饮用水贮存技术与方法研究，发现了贮存水中有机物的变化规律，提出了战备长期贮存水细菌学指标稳定技术，建立了防护工程中的水贮存方法。这些研究成果对于保证平战状态下的饮水安全，保障官兵的身体健康，保障战斗力具有重要的军事意义。

1．贮存水中有机物的变化规律研究

原水在贮存过程中由于水体自净作用水质会发生变化，研究贮存过程中原水中有机物含量变化规律，对确定经济有效的贮存水处理工艺具有十分重要的意义。为此，该课题组以未经处理过的水为贮存对象，结合温度、浊度、pH 等水质指标，系统地研究和分析了贮存水中有机物的分子量分布、亲水性，憎水性有机物，挥发性、非挥发性有机物在水贮存过程中发生的变化。研究结果表明，各分子量区间的有机物含量均随着贮存时间的延长而降低；亲水性有机物含量随着贮存时间的延长而减少，憎水性有机物含量随着贮存时间的延长而增加；挥发性有机物随着贮存时间的延长而减少。该课题研究成果对于开发饮用水安全贮存技术具有重要的理论指导作用。

2．战备长期贮存水细菌学指标稳定技术研究

贮存饮用水易受微生物污染，但迄今对贮存水中细菌学指标的变化规律、如何保持贮存饮用水中细菌学指标稳定等内容进行的系统研究较少。为此，军队提出了长期战备贮存饮用水细菌学指标稳定技术试验性研究课题，目的在于研究长期贮存水中细菌学指标随贮存时间的变化规律，找出贮存水的消毒周期，稳定饮用水细菌学水质指标，解决部队贮存饮用水的微生物污染问题。该课题组通过紫外线、次氯酸钠消毒试验，

研究了贮存的经处理后的水及未经处理的水中的细菌学指标、浊度变化规律；设计了超滤-活性炭-紫外线消毒工艺，并试验研究了该工艺对贮存水中悬浮物、沉淀物以及溶解性有机物的去除效果；最后对如何稳定水中细菌学指标也进行了全面的分析。这对于保障在平战状态下官兵的身体健康、保障战斗力以及保证战争的胜利具有重要的军事意义。

3．防护工程水贮存技术研究

地下指挥防护工程（包括人防工程）对于打赢高技术条件下的局部战争、保护本土安全具有十分重要的作用。绝大多数指挥防护工程内部都设有贮水构筑物（水库或水箱），以保证战时指挥防护工程的饮用水供应。防护工程贮存水非常宝贵，尤其是战时当外水源受到核生化污染时，这些贮存水就更为珍贵，甚至关系到部队的生死存亡。指挥防护工程内贮水的贮存时间一般都比较长，少则半年，多则三年或五年。这些水在贮存过程中，水质会出现不同程度的恶化，散发出难闻的臭味和霉味，严重影响了地下指挥防护工程的供水保障。为此，军队环保技术人员开展了防护工程内贮水技术研究工作。课题组建立了立体取样法，对某工程贮存水的常规水质指标进行了系统研究，探讨了贮存水的水质分布规律，建立贮存水的三维立体水质分布模型，这对于开展贮水技术研究具有重要的指导意义。

三、海水、苦咸水淡化净水关键技术与装备研究

海水占地球总水量的97%，海水的含盐量为20 000～43 000 mg/L。我国西北、华北北部等地分布有苦咸水，其含盐量为2 000～8 000 mg/L。海水和苦咸水均含有超过饮用水标准几倍至几十倍的盐类，不能直接饮用，必须经过淡化处理，使含盐量降到1 000 mg/L以下，方可作为生活饮用水。军队高度重视淡水资源不足或其他无水源可利用等特殊地区的海水淡化开发利用工作，在20世纪60年代研究了电渗析淡化水装置，用于解决海岛驻防部队的生活饮用水问题，80年代采用电渗析技术研制了野战淡化水车和移动式苦咸水淡化装置，90年代先后研制了海水淡化装置和野营供水车。近年来，根据军事斗争准备的需要，军队科技工作者大力开展了海水、苦咸水淡化开发利用工作，在海水淡化关键技术与装置研究方面取得了重要的科技成果。

1．便携式海水淡化技术与装置

为了实现驻岛部队和海上军事行动等特殊条件下的饮用水保障，使部队能随时就地获得可以饮用的淡水，提高部队的生存能力，军队科技人员开展了“海水淡化工艺技术与装置研究”的课题研究工作。课题组研究提出了海水淡化工艺技术，通过大量实验确定了工艺运行参数，研发了便携式海水淡化装置。该装置工艺简单，巧妙地用一台手动高压节能泵代替传统工艺中的两台泵，为预处理单元和海水淡化单元提供能量；淡化效率高，可将含盐量小于 35 000 mg/L 的海水一次淡化成合格的饮用水；手动操作，不需电等其他动力，特别适合战时或野外条件下使用；使用灵活，单元式组合，可根据不同的海水水质，采用不同的预处理单元；操作轻便，由于采用了能量回收装置，一人立姿、蹲姿均可操作；携带方便，装置体积小，重量轻，一人可携行，机动性强；展开、撤收方便。该装置能够将海水淡化成合格的饮用淡水，且口感好，能够满足我军小分队和舰艇在特殊条件下的饮水保障要求。目前该装置已装备部队，提高了我军的战斗力。2007 年，该成果获军队科技进步二等奖。

2．海防岛屿供水净化装置

为了保证海防岛屿官兵的淡水供给，军队科技人员开展了“岛屿供水净水技术与装置”的课题研究工作。课题组首次研制了复合变极电凝净化新工艺，选用不同极材，并实现单极或多极转换，实现对海水、苦咸水、污染水的净化处理；开发了双电荷过滤新工艺，研制了带正电荷的过滤介质用于净水工程；在此基础上开发了海防岛屿供水净化装置，用于海水、苦咸水、污染水的净化，使其成为生活饮用水，满足驻岛屿人员的供水需要，1 天的产水量可满足 600 人左右的生活饮用水需要。

3．太阳能热源冷能增效式海水淡化技术与装置

为了解决海水淡化能耗高的问题，某军队院校的技术人员开展了“太阳能热源冷能增效式海水淡化技术与装置”的课题研究工作。课题组综合利用激淋降膜蒸发、多效回热等多项强化传热传质措施及冷能利用等技术，提出了根据温差和压差的关系自动调节蒸汽、盐水和淡水流量的控制技术，研制了新型自激淋横管降膜蒸发冷凝器，实现了使海水的蒸发与蒸汽的冷凝潜热得到 100%的重复利用，在此基础上研发了可

完全由自然能源（太阳能、风能）或余热驱动的新颖实用的海水淡化装置。该装置对原水水质要求低，原水仅需经过简单的过滤、沉淀处理即可进入系统；运行稳定可靠，所产淡水水质指标达到国家饮用水标准；实现了全自动运行，操作、维护简便；使用寿命长，投资运行成本较低；性价比高，易于安装运输，适用于苦咸水及沿海地区，海岛、舰船、车载和野外作业使用，应用范围非常广泛。2008 年，该成果获军队科技进步二等奖。

4. 太阳能苦咸水淡化关键技术装置

为了解决传统降膜蒸发苦咸水淡化系统的关键技术难题，降低苦咸水淡化的成本，军队组织开展了“太阳能苦咸水淡化关键技术与装置”的课题研究工作。课题组建立了降膜蒸发苦咸水淡化系统的传热传质数学模型，研究提出了系统最佳结构参数与运行参数、最佳集热器匹配系数及无量纲产水量预测经验关联式等，创造性地将激淋降膜蒸发与凝结、多效闪蒸与多效回热、强化冷凝与强化对流等强化传热技术高度集成于有限空间，解决了气-液两相逆流扰动的关键难题，实现了淡化装置自平衡调节；研究了多效管式蒸馏系统运行过程中的能量传递规律，突破了传统自然蒸发海水淡化系统蒸发动力差、对流传质阻力大、蒸汽凝结潜热回收效率低等技术瓶颈，采用膜蒸发、小温差与小空间强迫传热技术，实现了海水蒸发系统升温快、产水快且效率高。课题组在此基础上研制了多级强化冷凝式太阳能海水淡化系列装置。该装置适用于偏远岛礁的淡水应急处理与保障需求，对海水水质的适应范围广，仅需简单过滤即可进入系统，制水成本低，产水效率高，仅需太阳能供热即可产淡水，可满足海岛较大规模的淡水保障需求。

四、空中取水技术与装置研究

开发淡水资源不足或其他无水源可利用等特殊地区的新水源是水资源保护的重要举措。某军队院校承担的“空中取水技术与装置研究”课题立足于解决特殊环境下的应急饮水保障问题，系统地研究了空气中的取水理论与新技术。该课题组通过对分离冷凝法和结露冷凝法两种空气取水技术进行理论分析、试验比较，应用优化理论，表明压缩制冷冷凝法具有运行可靠、能耗低、制水量便于调节、产水水质易处理等优点；

对集成活性炭吸附技术、膜处理技术、紫外线消毒技术以及饮水矿化技术等通过试验研究，制定出合理有效的水处理流程，生产的饮用水符合国家生活饮用水标准要求；自主研制适应于部队的便携、高效、低耗的空气取水装置，通过对装置的自动控制系统进行大量的计算机模拟和仿真试验，实现了装置的制水系统的自动控制，压缩机自动保护，水位及温、湿度显示功能；研究了装置的总体设计、零部件选择及板材选定等内容，采用整体框架分层式结构，使结构紧凑、外形美观，实现了野营作战中操作方便、重量轻便、便于携行等功能。该课题研究成果极大地丰富和完善了野营取水技术，填补了我军在没有水源的情况下从空气里取水的空白，尤其适应于海岛、边防哨所等缺水或无直接饮用水地区，目前该装置已在多家单位推广试用。2012 年，该研究成果获军队科技进步三等奖。

五、营区水回用技术研究

水资源紧缺是世界性问题，从现实及发展的眼光来看，污水处理及回用是切实可行的缓解水资源紧缺的必要措施和重要手段。部队营区的污水经过处理回用于绿化和冲洗车辆不仅保护了环境，而且可以变废为宝、增收节支，获得明显的经济效益，具有广泛的应用前景。为此，军队环保科技人员根据生态营区的建设理念，针对水资源紧缺地区营区的实际情况和需求，大力开展营区污水再利用处理系统技术与装置的研究工作，取得了有重要应用价值的研究成果，既解决了营区环境污染问题，又节约了水资源，从而促进了生态营区的建设。

1. 营区中水回用直接过滤技术研究

营区再生水不同的处理工艺以及不同的处理规模直接影响处理效果及费用，影响再生处理设施的直接和间接效益。为了简化中水回用处理流程，使其达到设备化、系列化，便于操作管理，军队组织环保科技人员开展了“营区中水回用直接过滤处理技术”的课题研究工作。课题组根据营区排水的水质、水量，以及其他排水状况、用途、所需水量，确定选用空调冷却排水、淋浴排水、盥洗排水、洗衣机房排水等污染较轻的杂排水作为再生水水源，研究提出了双区双层过滤与活性炭吸附相结合的串联组合处理工艺，开展了滤料选择、过滤方法、反冲洗手段等方面的研究工作，确定工艺运行参数，从而实现了营区杂排水的有效处理，达到了《城市污水再生利用城市杂用水水质》的要求。

2．营区中水回用组合处理工艺技术与装置研究

生活污水处理及回用是提高营区水资源利用效率的有效途径。为了提高营区污水回用处理的效率，某研究院根据营区污水的特点，系统开展了营区中水回用组合工艺技术研究，通过实验确定了膜生物反应器（MBR）-反渗透（RO）组合处理工艺、优质杂排水的物化处理工艺和杂排水的生物-物化组合处理工艺的工艺参数和技术路线，研制了成套一体化再生水设备，将不同的处理工艺流程段设计成单体，如预处理器、好氧处理单体、厌氧处理单体、气浮单体等，再集中在一台设备上运行，根据不同的水质和处理深度要求，选择不同的单体进行连接，组成一个完整的工艺。该课题组研制的成套一体化再生水设备具有结构紧凑、占地面积小、自动化程度高等优点，可以用于多数团、营级营区的生活污水处理。该课题研究成果对军队及相应规模的野外作业单位具有普遍适用性，而处理设备的开发研制具有产业化、系列化和应用推广的市场前景。

3．海岛部队营区废水资源化利用技术研究

大力开展污水再生利用，推进污水资源化，是提高海岛等缺水地区水资源自立能力和安全保障程度的必然选择。某军区环办组织技术力量以驻舟山的某海岛部队为试点单位，对部队营区的生活污水处理与利用课题进行了有益的探索和实践。该课题组通过对某部驻地舟山地区水资源现状的调查，掌握了该地区淡水资源比较贫乏、水资源时空分布不匀、径流年际变幅很大、河流集水面积小、水资源开发条件差等水资源特点，于 1999 年开始着手调研并进行营区废水资源化利用可行性研究工作，通过与总后某研究所联合攻关，提出并优化了营区污水一体化氧化沟处理工艺路线，试验研究确定了各种工艺参数，完成了营区废水资源化利用水处理工程的设计、建设和调试，拟制了“污水处理系统操作使用手册”“污水处理系统使用管理规定”，确保该系统的正确操作使用。该课题组所采用的“一体化氧化沟”处理技术进行污水处理，工艺先进，运行稳定，具有处理流程简单、处理效率高、处理效果好等优点，出水水质稳定，达到国家一级排放标准，并全部用于营区绿化灌溉，产生了显

著的军事效益、社会效益、环境效益和经济效益。

4. 干旱少雨地区营区废水资源化利用技术研究

驻扎在我国西北等干旱少雨地区的部队营区面临着严重的缺水问题，应大力加强营区废水的治理，提高废水资源化利用率。为此，某部队院校开展了干旱少雨地区营区废水资源化关键技术和工艺研究。该课题组考虑到简化管理和降低成本，提出了一级厌氧生物处理—消毒—回用的营区废水处理工艺：废水经格栅除去大部分悬浮物，再由提升泵提升到厌氧综合处理池进行厌氧生物降解，之后再进入定量池定量，再经接触消毒池消毒后回用；研究确定了废水回用处理工艺参数，研制了高效而稳定的新型厌氧反应器，成功实现了营区废水资源化，出水水质达到《污水综合排放标准》中的二级标准。课题组提出的处理工艺管理方便，运行成本低，出水可回用，污泥作肥料，沼气回收用作能源，实现了废物资源化；研制的厌氧反应器处理效果好，保泥能力强，造价低，能耗少，结构简单，施工方便，是生态营区废水资源化的理想装置。该课题研究成果在西北某部营区生态营区建设工程中得到推广应用，每年回收用水 50 万 m^3，保证了营区约 20 hm^2 菜地果园和 17 万株树木的浇灌用水，部分回用水还用于养殖，经厌氧处理后的污泥用作肥料，改良了果园菜地土壤，既有效地控制了营水区的环境污染、改善了营区卫生、减少了疾病发生的可能，确保了官兵健康，又实现了废水水处理回用，缓解了供水矛盾，产生了重要的军事效益、社会效益、环境效益和经济效益。

5. 装备清洗废水资源化利用技术研究

为了实现装甲部队废水资源化利用的目标，某军队院校根据理论分析和实验室试验的结果，对某部装甲冲洗维修保养过程中产生的高油、高悬浮物废水进行“沉淀—电凝聚—气浮—纤维过滤”处理技术研究，提出了污水处理回用处理工艺：装备冲洗废水经斜板沉淀池除去泥砂后与维修废水一道进入隔油调节池，在隔油池内进行浮油回收后，废水由潜污泵送入电凝聚器，经电凝聚器破乳后自流入气浮池进行气浮分离，最后经纤维球过滤后排入回用池回用。该课题组的研究成果在某军区装甲废水处理工程中得到实际应用，运行结果表明，经电凝聚、气浮处理后，含油废水能达到排放标准，经纤维球过滤后的水质优于回用水水质标准；纤维球过滤设备的出水水质稳定，设备的体积大大缩小，所采用的搅拌清洗装置简单实用；处理系统采用了电凝聚装置，代替了传统加药系统，使得整个系统自动化程度高，操作简单，维护方便。该课题成功解决了军事驻地的生活污水、装备维修冲洗废水的回用处理问题，不仅提高了营区环境质量，消除了污染隐患，为广大官兵和人民群众的饮用水安全提供了重要保证，而且实现了污水资源化，节约了水资源，军事效益、环境效益、社会效益显著。2001 年，该成果获军队科技进步二等奖。

第四节 营区节能减排技术研究

自然资源和能源是军队赖以生存和发展的基本条件，合理利用资源、能源是生态环境保护的重要任务之一，是减少和预防环境污染的最根本措施。节能减排就是节约能源、降低能源消耗、减少污染物排放。军队坚决贯彻执行《国务院关于印发节能减排综合性工作方案的通知》要求，积极开展节能减排军营行动，把节约资源的要求贯彻到决策计划、资源配置和日常管理的方方面面，努力走在全社会的前列。同时，军队科技人员大力开展营区节能减排技术的研究，特别是在太阳能、风能等绿色能源的开发利用、绿色建筑节能关键技术的研发等方面，进行了卓有成效的研究工作，促进了军队节能减排领域的科技进步，为生态营区的建设提供了强有力的技术支撑。

一、营区节能技术研究

营区节能是探索营区内降低煤、电、水消耗的技术和管理方法的活动，是基建营房勤务的内容之一，对合理利用能源、提高后勤保障水平有重要作用。军队对营区节能十分重视，将营区节电、节煤、节水列入正规化管理内容。从营房科研机构到基层部队，普遍开展营区节能研究，先后研究推广锅炉供暖量化管理、变压器无功补偿技术、节水卫生器具和节能灯具等先进的节煤、节电、节水技术与设备；开展了太阳能、风能利用和水资源再生利用研究，开发了太阳能取暖房、太阳能热水器、风力发电和营区污水回收利用等技术；研究制定营区水、电、煤等能源消耗标准等，并制定营区水、电消耗定额和营区供暖能耗定额。这些成果为提高部队营区的节能水平提供了重要的技术支撑。

二、营区风力发电技术应用研究

风力发电技术用于营区供电保障，是营区节能研究的组成部分，为解决边防、海岛分散部队的用电问题提供了重要的技术支撑。军队营区风力发电技术的应用研究始于 1983 年，通过对缺电的边防、海岛部队营区进行风力资源考察，选用合适的发电、输配电和蓄存电设备，研究相应的保障技术，以及与其他电网并网发电等技术，探讨了风力发电系统的组成和运行方式：由一台风力发电机，蓄电池和充、放电控制装置组成的独立电源系统主要用于驻边远无电地区部队的供电，单机运行，自管自用；与驻地的电网或国家大电网并网发电，取代营区内的部分常规能源发电，所采用的风力发电机多为大、中型机组，由数台、数十台机组组成发电系统并网运行。军队先后完成了近 500 个边海防点的风力资源考察和应用风力发电技术的可行性研究，在一些边防哨所、驻岛部队进行了由 100 W 至 7.5 kW 的小型风力发电装置应用试验。该研究成果对于提高营区节能水平、丰富和完善供电保障模式具有重要的作用。

三、营区新能源发电关键技术研究

在不可再生能源日益枯竭、环境污染比较严重的今天，大力提高能源的利用效率，以高新技术开发可再生的新能源，加大对环境比较友好的清洁能源的应用力度，逐步取代石油、煤、天然气等矿物质不可再生能源，是解决能源危机和环境问题的重要途径之一。为此，军队科技人员开展了“营区新能源发电关键技术与装置”课题的研究工作，攻克了风、光、柴互补发电系统的关键技术难题，研究了风力充电控制器、光伏充电控制器、逆变器、不间断供电装置及相关保护措施技术；开展了移动式发电机组并列运行供电技术、模块化供电保障方式、移动式车载发电机组并联运行技术等方面的研究；研制了柴油机智能控制装置，使柴油发电机组甩掉了碳刷和充电机问题，直接通过智能控制系统给蓄电池充电，并且对柴油机的各项参数和各种故障都能进行实时监控，提高了柴油机的各项性能指标，有效避免了安全故障的发生。军队科技人员重点研究了发电机快速并联自动控制器，以保证移动式车载发电机组的快速并联，扩大移动电站的容量，提高了电力保障的可靠性和机动性。该课题组的研究成果在西南高寒地区某边防哨所得到推广应用，建成了20 kW 光伏、10 kW 风能和 30 kW 柴油机互补电站，实现 24 h 不间断供电，结束了近半个世纪以来的缺电现状，为“边、散、远”等小型站点的供电保障提供了可靠的技术手段。

四、太阳能开发利用关键技术研究

营区太阳能利用技术是利用太阳辐射能供营区采暖、用电等的方法和工艺，是营区节能研究的成果之一。军队在营区利用太阳能始于20 世纪 80 年代初期，主要是利用太阳能为部队浴室提供热水。1984—1989 年，全军有计划地安装了约 10 万 m^2 太阳能热水器，随后逐步扩大利用范围。营区太阳能利用技术包括：①太阳能采暖营房。采用玻璃聚光吸热材料做南墙墙面，其余部分用保温蓄热材料砌筑而成。驻甘肃省河西走廊的部队建有这种营房。②太阳能热水器。通常在房顶或阳台部位安装太阳能集热板、蓄水箱和循环水管，使凉水升温。适用于连队浴室和军官家属住房。③太阳能海水淡化装置。用黑色微晶铸石板建造适当规模的海水池，上有坡型玻璃顶棚，水池四周为淡水槽，利用太阳热能使海水蒸发，水蒸气上升到倾斜的玻璃顶棚上，冷凝成水珠聚入淡水槽，汇集到水管中，引入淡水池。④太阳能供电设备。利用太阳能电池和蓄电装置组成供电电源，供部队使用。⑤太阳灶、太阳能温室和地膜等，用于部队炊事和农副业生产。近年来，军队按照生态营区建设的要求，积极在营房建设领域开展清洁能源利用方面的探索，充分利用营区所在地充足的日照资源，进一步大力开展太阳能的开发应用，特别是针对高原高寒地区供暖方面存在的问题，组织科技人员进行太阳能供暖关键技术的研发工作，促进了高原高寒地区供暖技术的科技进步。

1. 高原地区营房建筑相变储热节能技术

位于西南、西北高原高寒地区的部队营房取暖主要采用燃油锅炉、地源热泵、太阳能房等。由于部队营区大多驻于高原偏远地区，燃料供应十分不便、运行费用高，而且燃油燃烧对当地环境会造成一定的污染；地源热泵具有环保、节能的优点，但易受地质条件限制、系统较复杂，只适合少数有条件的集中营区，大量边远分散营区不宜采用；太阳房只在白天有效，不能实现太阳能的储存，因而其应用受到很大的限制。为此，军队科技人员开展了相变储热技术在高原地区营房建筑中的应用研究工作，开发了相变储热材料，实现了将丰富的太阳能资源储存起来用于夜间取暖，从而大大降低了高原高寒地区部队的后勤保障难度。

该课题组通过有机固-液相变材料体系的研究，筛选了相变潜热高、相变可逆性好、导热系数大、无毒副作用以及价格低廉的相变材料体系；开发了具有良好的吸附性、良好的导热性、耐久性和建筑材料相容性的相变材料的载体；开展了相变储热技术在建筑物的应用结构形式研究，完成了相变材料体系设计和建筑物结构设计参数的确定相关研究工作，并在某高原部队建成了相变储热节能示范工程，产生了显著的环保效益和生态效益。

2. 高原严寒地区建筑连续式太阳能供暖技术

高原严寒地区的空气缺氧、冰雪常年不化，燃料供应线漫长，条件十分艰苦。因此，针对高原严寒地区气候寒冷、燃料供应困难的实际情况，充分利用太阳能这一自然能源进行室内供暖，改善寒区建筑物的室内温度环境，解决该地区营房供暖的实际困难，具有十分重要的意义。为此，某学院承担了“高原严寒地区建筑连续式太阳能供暖技术研究”的课题研究工作，提出了将被动式太阳房技术、主动式太阳能集热技术、相变材料蓄热技术集为一体的连续式太阳能供暖系统，有效地解决了高原高寒地区利用太阳能连续供暖的关键技术问题。

该课题组通过分析提出了建筑维护节能的措施，通过计算建筑构件的热负荷系数选择了对流环路被动式太阳能集热墙，提高了围护结构外壁面的温度，实现了对围护结构的“主动保温”作用；选择了热管式真空集热器作为主动太阳能集热设备，通过实验研究确定了相关工艺参数；开展了以十水硫酸钠为主的共晶盐作为相变蓄热材料研究，通过实验筛选出了共晶盐的配方，实现了对热能的有效蓄存，为确保太阳能供暖的连续可靠提供了材料支撑。该课题组的研究成果在西部高原某边防观察楼房的供暖改造中得以应用，表明利用连续式太阳能连续供暖系统能够实现向严寒地区楼房的室内供暖，具有良好的应用前景。

五、绿色建筑节能关键技术研究

大力推广绿色建筑技术，运用先进的生态设计理念和技术，实施营区设施的建设和改造，选用无害化、可降解、可再生、可循环的建筑材料和能源，提高资源、能源的转化效率，使建筑环境符合军事环境安全和官兵身心健康的要求，是生态营区建设的主要内容和基本要求。为此，军队科技人员大力开展绿色建筑技术领域的科技攻关，取得了创新性的研究成果，并在一些示范工程建设中推广应用。

1．绿色建筑节能示范楼关键技术

某学院利用整体搬迁进入大学城的契机，组织建筑、规划、环保、市政等相关专业的技术人员成立了“绿色建筑节能示范楼关键技术研究”课题组，按照“科技节能”“低碳经济”的可持续化发展道路的要求，积极开展绿色建筑设计、节能关键技术研究，探索了多功能绿色建筑的可持续设计方法，从室外环境设计、可再生能源应用、水资源利用、室内环境质量等方面严格贯彻并落实国家“四节一环保”方针，先后集成创新了 25 项绿色建筑技术，为我军营房绿色建筑的设计与建设提供了示范。该课题组从环境生态化补偿、建筑结构体系优化、室内环境控制、能源系统平衡、水资源循环利用及智能化监控 6 个方面对建筑的环保和生态进行规范：通过对植被土壤的生态保护、设置景观水池、建立室外立体绿化来实现环境的生态化补偿；采用控制窗墙比、设立遮阳系统等措施实现结构体系的优化；通过建筑平面和空间的布局，利用风压通风、热压通风保持室内自然通风，并实现室内的自然采光，部分房间安装 CO_2 监控、光感照明、声控照明等装置，并与大楼的中央智能系统相连，满足室内环境的智能化控制要求；采用地源热泵空调系统和热水系统、太阳能光伏发电和照明，充分利用地能和太阳能；设置雨水回收利用系统和中水处理系统，采用节水器材和基地保水措施实现水资源的循环利用。课题研究成果在该学院绿色建筑示范楼中得到推广应用，经过几年的运行，建筑实际能耗节能率达到 79%。2009 年，该学院的绿色建筑示范楼被住房和城乡建设部列为国家百个绿色建筑示范工程、可再生能源建筑应用城市示范项目；2011 年通过了国家绿色建筑“三星级”（最高级）设计认证，成为全军第一个获得该奖项的绿色建筑工程项目，现已通过美国绿色建筑评估体系认证并申报美国绿色建筑“LEED”金奖，成为全军首栋“绿色建筑示范楼”；2013 年被评为“军队第十五次优秀工程设计奖”一等奖。

2．新概念节能示范楼关键技术

新概念节能示范楼指具备智能楼宇控制和低能耗、低排放标准的新一代营房，通过节能设施设备达到节水，节电和水、电资源的循环利用，废水、废气、生活垃圾、污染物的排放为零的新型建筑。空军组织相关技术人员在某场站综合楼建设中，按照绿色建筑的基本理念，大力开展节能技术的研发和推广应用，先后在保温隔热、防潮除湿、通风空调、节水节电四大系统中集成创新了 26 项技术成果，完成了某场站新概念节能示范楼的建设，成为目前空军第一栋技术应用全面、保障功能齐全、节能效益明显、建筑环境和谐的绿色环保连队示范楼。

第六章　环境污染防治技术研究

环境污染防治是采取一切有利于环境保护的措施，包括制定及健全相应的法律法规，采用相应的清洁生产工艺，开发高效、低污染的治理技术，从而达到消除或减小环境污染的目的，保障人体健康，促进经济和社会的可持续发展。军事环境污染防治的主要目的是消除或减小军事环境污染，创造清洁、和谐、优美的工作和生活环境，保障官兵和人民群众的身体健康，为提高部队战斗力服务，实现环境效益与军事效益的相统一。军事环境污染防治技术研究是军队环境保护科学研究的重要部分，对提高环境污染防治水平具有重要作用。随着环境污染趋势的加重、污染类型的增多、环境质量要求的提高和其中相关学科新技术的发展，为了提升环境科技基础的研究和应用能力，军队的一些科研院所和基层单位积极开展环境污染防治领域的技术研发与推广应用，在水环境污染防治、大气污染防治、固体废物处理处置、声环境污染控制等方面取得了丰硕的成果，有多项环保科研成果获国家专利和科技进步奖，极大地提高了军事区域环境污染治理的科技含量。这不仅有利于消除军事行动对环境造成的消极影响，还有利于避免新污染的产生，为提高军事环境保护水平和污染防治效果发挥了重要作用。

第一节　水环境污染防治技术研究

军事区域产生的废水主要来源于营区的生产、生活以及特殊的军事活动，包括营区生活污水、医院废水和军事特种废水三大类，如果不进行有效处理而直接排放，不仅会对地方环境造成污染，影响地方的经济可持续发展，也会对营区环境造成污染，影响驻地广大官兵的生产生活、训练以及身心健康，还将造成驻地军民关系紧张。军队高度重视军事区域水污染的治理工作，20 世纪 90 年代，全军环保绿化委员会办公室组织军队环保科技人员，启动了军事区域水污染治理专项研究工作，通过大量的调查研究，分析了军事区域废水排放规模参差不齐、污水水质和水量变化较大、军事特种废水成分复杂、污染因子多、毒性大等典型特征，结合军队污染源普查，全面掌握了军事区域废水产生量、废水种类和水环境污染现状，按照国家、军队环境保护的目标、任务，制定了军事区域水污染治理的指导原则、法律法规和标准，形成了“因地制宜、重点区域优先、节水与中水回用、处理工艺简便与经济、特种废水单独预处理”的军事区域营区水环境污染治理策略，从而为有效开展军事区域水污染治理工作提供了重要的理论指导。同时，军队环保科技人员积极开展水环境污染防治技术研究，在营区生活污水处理、医院废水处理，特别是军事特种废水的治理技术研究领域取得了丰硕的成果，并在全军部队得到推广应用，取得了良好的军事效益、社会效益、环境效益和经济效益。

一、生活污水处理技术

部队营区较为分散，有的位于城市市区，有的位于城市郊区，有的位于远离城市的荒郊野外，还有的位于国家重点污染治理流域和重点污染治理城市，同时由于部队作息时间有较强的规律性，营区生活污水水质、水量变化较大。为了有效开展营区生活污水的处理，军队环保技术人员紧密结合部队特点，针对部队战士流动性大、操作管理水平不高的实际情况，研究开发了多种营区生活污水处理技术及配套设备，解决了营区生活污水的污染问题，部分实现了废水资源化，这对于促进部队水资源规划，实现部队可持续发展具有重要的意义。

1．营区生活污水一体化处理技术研究

为了开发出适合部队营区生活污水处理的新工艺，原总装某研究院从 20 世纪 90 年代初就开始进行营区生活污水处理系统模拟试验的研究，建立了适合部队营区污水处理及回用成套技术的工艺路线，先后开展了营区污水生态处理技术及应用研究、营区污水处理及回用技术研究、周期循环活性污泥法处理低温污水研究、高效一体化生物处理系统研制以及北京航天城水污染控制技术研究等课题的研究工作，设计开发了具有生物接触氧化和沉淀功能的小型一体化生活污水处理设备，开展了生物滤池—植物塘工艺、SBR 革新工艺、厌氧生物床无动力处理技术以及侧沟式一体氧化沟技术等多种适合部队污水处理技术的研究，获得了许多重要的设计参数和工艺运行经验，从而形成了适合部队特点，可适用于不同规模、不同气候、不同处理标准要求的污水处理工艺，具有管理方便、投资合理、运行成本低等优点。课题研究成果在部队营区生活污水处理中得到广泛推广和应用，为军事区域水环境污染的防治发挥了重要的作用。

同时，该研究院在吸收国内外先进技术的基础上，经过两年的模拟试验，系统研究了常温条件下周期循环活性污泥法污水处理工艺（CASS 工艺）基质去除规律和最优设计参数，提高了反应器的负荷，使反应器容积减少 20%～30%，同时研制了工程配套设备——可编程全自动撇水机，替代了进口产品，并成功应用于北京航天城污水处理厂，为国家节省投资 200 多万元，减少占地面积 5 亩，每年减少排污费等费用 50 多万元。污水处理后不但达到了排放标准，而且可用于农田灌溉、航天城绿地喷洒和人工河补充水，每年节约自来水数万吨。该项技术成果具有很高的学术价值和应用价值，取得了显著的经济和环境效益，在国内外产生了重要影响，技术上达到了国际先进水平。2000 年，该课题研究成果获得全军科技进步二等奖。

2．高寒地区生活污水处理技术研究

北方高寒地区冬季漫长而寒冷，造成排水温度低，输水管道散热量大，给污水生化处理带来很大困难。为此，某军区环境监测站针对寒区营区生活污水的主要污染物和营区所处自然条件的实际情况，开展了“高寒地区营区生活污水生物接触氧化工艺技术”的课题研究。课题组驯化了耐寒性生物菌群，研制了具有独立知识产权的组合式立体弹性填料，提出了适用于高寒地区生化污水处理和回用的低温 CBMR 高效生物膜反应器技术。该技术是一种好氧生物处理工艺，生物接触氧化池内设有填料，部分微生物是以生物膜的形式固着生长在填料表面，部分絮状悬浮生长于水中，因此它兼有活性污泥法和生物膜法的特点。微生物所需的氧由鼓风机供给，再由微孔曝气器释放出。生物膜生长到一定厚度，填料上的微生物因缺氧而进行厌氧代谢，产生的气体和曝气气流形成冲刷作用，会造成生物膜脱落，并促进新生物膜的生长来形成生物膜的新陈代谢。课题组提出的“营区生活污水生物接触氧化工艺技术”具有体积负荷高，处理时间短，生物活性高且有较高的微生物浓度，污泥产率低，不需污泥回流，出水水质好，耐冲击性好，挂膜方便，可间歇进行，没有污泥膨胀问题等优点，而且驯化的生物菌群抗寒，处理效率高，尤其在寒冷地带有其独特的作用。课题研究成果在北方寒区某部队营区的污水处理工程中得到实际应用，使处理后的营区生活污水达到国家允许排放的标准后，回收利用于营区的绿化（草坪）喷灌、养殖、冲厕、洗车等，达到水资源的循环利用，实现营区污水“零排放”，创建绿色生态营区的目标。

3．营区生活污水生态处理工艺技术研究

污水生态处理技术一般包括稳定塘和土地处理系统，是一种污水处理与利用相结合的实用技术。生态处理工艺运行费用低，维护管理简单，处理效果较好，但需要较大的占地面积。部队营区通常位于偏远地区，营区可用面积大，适合采用生态处理工艺。为此，军队环保技术人员结合部队营区的特点进行生活污水生态处理工艺技术研究，先后开展了生化预处理-人工湿地处理工艺、生物滤池-人工湿地处理工艺等营区生活污水生态处理技术研究，并在实际污水处理工程中得到推广和应用。

在生化预处理-人工湿地处理工艺技术研究中，课题组通过多次试验研究，获得了处理工艺的设计参数和工艺运行经验，优化了处理工艺流程：废水通过水解酸化预处理去除悬浮物和部分有机物，水解池出水自流进入生物接触氧化处理系统进行好氧生化处理，出水自流进入辐流式沉淀池进行沉淀泥水分离后自流进入人工湿地，依靠植物的光合作用、土壤的吸附过滤作用以及微生物的生物降解作用使废水得到深度净化，出水达到中水水质标准后进入人工湖。课题研究成果在某卫星发射场生活污水处理工程中得到推广和应用，开创了一条“环境保护与可持续发展并举、污染治理与中水回用相结合、污水资源化与绿化美化相统一”的生态环境建设新思路，具有显著的社会效益和环境效益。

在生物滤池-人工湿地处理工艺研究中，课题组设计了生物滤池的结构，确定了滤料的成分、滤床的床深和直径、布水装置的种类、池底排水系统的组成，明确了水生植物渠、水生植物塘和人工湿地的设计参数，确定了芦苇、睡莲、香蒲、水草、鸢尾草及水葱等水生植物。该处理工艺技术先进，运用了物理处理、生物处理、植物处理和自流跌水曝气四种技术，充分发挥了水体、土壤、微生物、植物的多种作用，用极少的动力成本实现污水的净化处理，不用化学添加剂，因此是自然的生态处理系统。课题研究成果在某步兵学院污水处理工程中得到推广和应用，有效地控制了营区环境的污染，改善了营区环境，再生水绿化浇灌每年节约自来水约 54 万 t，景观水面从 1 200 m^2 扩大到 8 万 m^2，涵养了地下水资源，走出了一条在绿化中起步、美化中发展、净化中提高、人文化中跃升的生态建设路子。

4．营区小型粪便污水处理装置的开发研究

地处边远的营区无市政设施依托，因此粪便污水的排放成为难以解决的问题。20 世纪 80 年代末期，原二炮某研究所就针对边远营区粪便污水的处理存在的问题和当时生活污水处理方法存在的不足开展了无下水道地区的生活污水处理技术研究，开发了小型粪便污水处理装置，探讨了该装置的技术、经济可行性，验证了填料、曝气器等选材的先进合理性，确立了沉淀分离室、接触曝气室、沉淀室、填料填充率及间距等较佳的组合尺寸，解决了主体结构的选材构造和设计技术问题。小型粪便污水处理装置由沉淀分离室、接触曝气室、二沉室、消毒室四部分组成，主体结构采用玻璃钢纤维树脂材料。粪便污水首先流入沉淀分离室，污水中的卫生纸等粗大悬浮物在该室沉淀分离后贮存；被分离后的沉淀处理水流至接触曝气室，在接触曝气室内进行好氧生物处理，有机物质被吸附氧化分解，从而使污水得以净化；净化后的水流至沉淀室，在沉淀室内上清液与悬浮物再次分离后流入消毒室，消毒后排放，沉降的污泥回流至接触曝气室。该课题组研制的营区小型生活污水处理装置的主要技术性能达到了国外同类产品的水平，出水水质符合污水排放标准，能够广泛用于驻扎在边远地区部队营区粪便污水的处理。

5．分散营区污水处理技术研究

对于占地面积大、营房坐落分散、地质条件特殊的营区产生的生活污水，若铺设专用污水收集管道，运用工程措施进行集中处理，存在管网过长、施工过程中易遇到不利地质构造等问题，不仅施工困难、代价高，而且无法保证处理效果，故污水处理不宜采用集中处理模式。为此，军队环保技术人员根据营区特殊的地质条件，地形地貌特征，以及营区面积较大但营房建筑分散、零乱等特点，通过对传统工程方法的分析比较，探索构建了一种更切实可行，适合在远郊、荒野等不和市政相连的较分散的部队营区污水处理方式，经过反复调查咨询，确定采用小集中、大分散、少技术、多自然的工艺技术路线。

对于相对集中的生活污水，就近收集后，采用改性的人工湿地技术，分散建设小型化、高效率的人工生态绿地污水处理系统。该系统即在营区原有绿地或者空地上，建设经过特殊改造的人工绿地系统，使之通过基质、植物、微生物和土地之间的相互作用，达到对污水的有效净化处理。对水量过小、特别分散、不宜收集的零星建筑物产生的生活废水，拟采用化粪池+厌氧池+土地渗滤的工艺，就地分散解决。污水经化粪池初级沉淀，厌氧系统消解，使大部分污染物得到有效去除，再充分利用土壤颗粒间的空隙截留、滤除、吸附、矿化以及微生物的代谢、分解等物理的、化学的、物理化学的以及生物的联合作用，起到消除污染、维护生态平衡的作用。对于营区养殖废水，和其他污水处理过程产生的污泥混合后，可用沼气发酵、堆肥或直接浇灌菜地等方式处理。对于营区车辆、装备洗消和食堂产生的污水，由于一般均含有较高的油分，若不经过预处理，容易造成管网堵塞，也影响后续构筑物的处理效果，因此采用隔油池进行预处理，去除浮油及一些杂质后，再排入人工绿地系统或者土地渗滤系统进行处理。

该课题研究成果在某军区生态营区建设中得到推广和应用，产生了重要的军事效益、社会效益、环境效益和经济效益。

6. 实战演习场污水处理系统研究

部队在进行实战演习等军事活动时，演习驻地生活污水产生量相对较大，排放时间相对较短，往往还混有大量的装备修理、装备洗消及其他特种污水，因而不适用传统的营区生活污水处理技术。为此，军队环保技术人员根据实战演习场污水的构成特点和参演人员的组成情况，开展了实战演习场污水处理系统的课题研究工作，集成优化出工艺简单、操作简便、运行可靠、造价适宜的污水处理设计方案。

课题组采用矩阵法把不同属性的装备洗消、装备修理和生活等污水，按性质和显著污染物进行集合，并借鉴鱼刺统计分析的原理判断性地给出主要污染物的变化规律和可能出现的最大概率；通过科学论证和对比实验，把硅藻富集到92%以上的超纯精土中，再注入三氧化二铁和三氧化二铝等带有负电价位的氧化试剂，经重磁水作用，研制了硅藻精土改性配制新型复合水处理絮凝剂，使其更具针对性、适用性和技术先进性；针对演习时野营村污水处理站仅为一次性使用的实际情况，经过多次实验和设计，采用具有高抗拉性、抗撕裂性、良好的韧性、耐酸碱性和耐生物侵蚀性的中压聚乙烯土工膜铺设技术来取代土建工程里的钢混构筑物，实现既保证工程质量又加快工期进度的建设目标。

该课题组提出的污水处理工艺流程是：化粪池的污水经格栅至调节池，使污水中的泥砂、悬浮物、漂浮物等分离出去，匀质均量，通过污水提升泵泵入纳滤循环净化设备。与此同时，通过计量投药机按十万分之五的比例将复合水处理剂注入，经充分混凝，使之与水中污染物充分接触，从而使其迅速产生吸附絮凝、凝聚现象。絮凝物在上升水流的托举下停留在沉降池内，形成了含硅藻的过滤层，上清液以 8 mm/s 的速度进入超滤填料墙。超滤填料墙是针对不可降解污染物和悬浮物而设计的多层过滤吸附剂，可深度净化，也可达到中水回用指标。工艺产生的泥渣无味、孔隙多，能疏松土壤，既是肥料，又是土壤改良剂，无二次污染。

该课题组采用防渗透结构和复合水处理剂新技术，使处理污水的工艺不但具有各传统工艺的综合优点，同时弥补了各传统处理工艺的不足，并兼备了机动性强、适应性强、保障能力强、建设周期短和不受环境条件限制的优点，特别适合大型军事活动和实战演习场的临时污水处理。该研究成果在“和平使命-2009 中俄联合军演”演习中发挥了极其重要的作用，处理的 1.6 万 t 演习污水全部达到了《污水综合排放标准》和《农田灌溉水质标准》，确保了演习驻地水环境的生态安全，不但率先在全军开辟了战时和演习场水处理发展方向，还为驻地提供了宝贵的水资源和土壤改良剂，具有较好的环境、社会、军事等综合效益。

二、医疗废水处理技术

军事区域产生的医疗废水来自军队医院、疗养院和医疗科研单位，含有大量的病原体——病菌、病毒、寄生虫卵及其他有毒、有害物质，若不经处理就排入市政下水道或河道，会严重污染环境，危害官兵及周边群众的身心健康。20 世纪 70 年代以来，军队医院污水治理工作有组织、有计划地展开，根据医院的规模、性质和处理污水排放去向，采取了不同的处理工艺。随着污水处理水质要求的不断提高及处理技术的进步，一些先进的或替代的生物处理工艺，如 MBBR、CASS、水解酸化法、SBR 等在部队医院污水处理中得到应用。同时，在 20 世纪 90 年代初期，军队环保技术人员结合军队医疗废水的特征，大力开展医疗废水处理技术研究，在小型医院污水处理、高原地区医院废水处理以及野战条件下医疗废水处理技术研发方面取得重要的研究成果。

1．小型医院污水处理技术研究

绝大多数军队医疗单位均为医疗站或门诊部，产生的医疗废水量很小，大多每天不到10 m^3，并且污染较轻。针对这一特点，20 世纪 90 年代初，某军区环境监测站针对当时军队医院的污水处理现状，开展了氧化塘技术处理小型医院污水的课题研究工作。课题组通过对比分析和实验研究，提出了“预处理（沉淀）→生物滤池（过滤）→生物氧化塘→出水用于农灌”的技术路线，优化工艺设计和运行参数，成功地解决了小型医院污水的净化除菌问题，处理后出水达到国家规定的医院污水排放标准及农灌标准，为小型医院的污水处理提供了一种新型的处理方法。1992 年，“氧化塘技术处理医院污水的研究”获得军队科技进步二等奖。

2．高原地区医院污水处理技术研究

某军区高度重视环境保护工作，在经费极其紧张的情况下，采取自筹、军民融合等有效手段，在 20 世纪 80 年代初即开始高原地区医院污水处理站的建设，采取了以沉淀、液氯消毒为主的处理工艺，但实际处理效果不能达到排放标准。为了解决高原地区医院营区污水的处理问题，该军区组织环保技术人员开展了利用微粒生物滤池-臭氧消毒工艺处理高原地区医院污水的课题研究，研发了双虹吸自动定量定时消毒装置，解决了高原医院营区污水处理的难题，并实现了资源化利用，获国家实用新型专利 1 项。该课题组成果在军内外广泛应用，1994 年获得军队科技进步二等奖。

3．野战条件下医疗污水处理系统研究

为了有效处理野战条件下产生的医疗废水，某军区组织技术人员开展了野战条件下医疗污水处理系统研究的开发工作，旨在通过对含菌污水的处理，改善战场区域的水环境，控制疾病的流行，避免发生疫情，维持部队的作战和生存能力。课题组提出了由污水收集、消毒剂制备、污水处理和自动控制四个单元构成的医疗废水处理系统，采用预曝气方法对沉淀效果进行强化，充分利用污水中悬浮物质的自行絮凝的性能，使污水中的微小颗粒互相碰撞，产生絮凝作用，使颗粒变大，从而有利于沉淀分离；通过多次试验确定了强化一级处理和消毒的工艺参数，利用计算机检测与远程监控技术实现自动化运行，独创的一体化车载式污水处理单元和非仪表式污水计量系统，实现了在同一个箱体中完成曝气、沉淀、加药、接触消毒等过程，从而有效解决了野战条件下医疗污水处理的难题。该系统具有机动灵活、展开快速、性能稳定、效果可靠的优点，尤其适于在野战条件下使用，也可用于平时的应急消毒处理。2003 年，该成果获军队科技进步三等奖。

三、特种废水处理技术

军事特种废水是指武器试验、军事训练、科学研究、装备维修和报废过程中产生的废水，主要包括弹药销毁废水、推进剂废水、军事化学废水、舰船油污水、装备研制生产废水等，往往含有毒、难生物降解物质，甚至含有致癌、致畸、致突变等“三致”物质，对人和动物的机体有很大的危害。如果军事特种废水不经处理就直接排出，极易污染水体和土壤，给人民健康、农业、水产业以及工业生产造成严重危害。近年来，军队环境保护科技工作者根据军事特种废水的特点，结合多年工程实践经验，总结制定了“分类治理，研究针对性的处理技术；试验研究与示范工程相结合；技术研究与设备研制相结合，先进性与实用性相结合”的军事特种废水治理原则，通过分析废水的特点，在调研的基础上结合部队实际情况，制定合理的技术方案，开展了特种废水处理工艺技术研究，为工程的实施提供了可靠的设计、运行参数，建立了有代表性的示范工程，验证参数的合理性，在示范工程运行过程中总结经验，提出改进的建议，不断完善技术，为工艺的进一步推广奠定良好的基础。

（一）推进剂废水处理技术

推进剂废水主要来自火箭发射、推进剂槽车、储罐、管道清洗、推进剂库房地面清洗等，具有污染物成分复杂、废水水量及浓度变化较大等特点。废水中含有多种有毒物质，它对操作人员和环境的危害必须引起足够的重视。为了减少和治理推进剂废水的污染，国内外环境科学工作者对推进剂的毒性、毒理，污染状况，以及治理途径进行了广泛深入的调查和研究。随着我国航天事业的发展，推进剂的使用不断增加，军队推进剂污染的防治技术也得到了很大的发展，在推进剂废水处理方法和技术方面获得了一系列科研成果，为我国的环保事业做出了应有的贡献。

1．自然净化法处理技术研究

某医学研究所与某设计研究所合作，经过充分论证，在偏二甲肼废水成分分析和亚急性毒性试验研究的基础上，进行了偏二甲肼推进剂废水自然净化法研究，先后通过实验室小型模拟试验、中间扩大模拟试验、火箭发射阵地实际废水处理试验设计了自然净化池的结构，建立了自然净化法处理偏二甲肼废水的工艺流程。该方法利用偏二甲肼易氧化，通过和空气中氧气的接触即可以氧化分解的特点，在一定的反应条件下，利用空气使废水中的有害物质被氧化分解。该成果在某卫星发射场污水处理工程中得到应用，实际工程运行结果表明：采用自然净化处理偏二甲肼废水，能够保证处理后的废水中主要有害成分均达到排放标准。该方法简便、有效、节能、实用，不需专用处理设备，一次性投资少，具有明显的经济效益和环境效益。

2．臭氧-紫外线氧化处理技术研究

氧化法是处理难降解废水的有效方法之一。在难降解废水氧化处理中使用的氧化剂种类很多，综合各种氧化剂在处理废水中的效果和应用范围，臭氧法处理技术应用得最广泛。某设计院利用臭氧氧化技术对推进剂废水处理进行了系统研究，揭示了臭氧氧化破坏偏二甲肼的机理，建立了臭氧-紫外线联合处理推进剂废水的工艺流程：废水首先经过机械过滤罐除去机械杂质，然后进入装有活性炭的光氧化塔，由塔底部通入臭氧，废水在塔中逐步完成活性炭催化、阶梯环接触氧化、紫外线光氧化。随后，废水经过活性炭滤罐进一步去除小分子有机物后进入观察池，抽样化验，合格后排放。若废水中有毒物质指标超过国家排放标准，再循环处理。该课题组提出的臭氧-紫外线氧化处理具有处理能力强、反应迅速、处理方法简单、便于操作、占地面积小、不产生二次污染以及容易实现自动化控制等优点，已应用于我国某航天发射中心，在多次卫星发射中，处理推进剂废水数千吨，各项指标均满足国家排放标准，具有广阔的应用前景。

3．低温等离子处理技术研究

等离子体是在特定条件下使气（汽）体部分电离而产生的非凝聚体系，存在多种高能自由基，各种自由基通过协同作用轰击污染物分子，使其氧化、电离、激发，然后引发一系列复杂的物理、化学反应，使复杂大分子污染物转变为简单的小分子安全物质，从而使污染物得以降解去除。尽管国内外对低温等离子体化学技术在环境污染治理中的应用原理已有较多的讨论，也有一些用于单一有机物降解的实验室研究工作的报道，但是该技术在不同类型的有机物和实际工业废水的降解方面的研究报道较少。此外，该技术在实际工程应用中也存在如何降低能耗、提高降解效率的问题，同时，在低温等离子体处理有机废水效果的影响因素，有机物种类、含量，以及降解产物的物种、毒性等方面也有大量的研究工作要做。为此，某研究院系统地研究了推进剂废水低温等离子处理技术，通过静态试验、循环试验和连续流试验，建立了低温等离子处理推进剂废水的工艺流程，研究了影响处理效果的各种因素，优化了处理过程的工艺参数，研制了推进剂废水低温等离子体处理装置，并在此基础上开发了由底盘、工作方舱、内部工艺设备系统组成的移动式推进剂废水处理车，提高了推进剂废水处理装置的机动性能。

4．光催化氧化技术研究

光催化降解法始于1972年，是近30年发展起来的污水处理新方法。自1972年，日本东京大学的藤岛昭和本多健一发现TiO_2单晶电极光解水以来，纳米TiO_2的光催化特性和纳米半导体多相光催化反应方面的研究和应用开发得到了深入的开展。在近紫外光的照射下，TiO_2产生电子-空穴对，因而导致溶液中的物质发生一系列化学反应而降解。这一有意义的工作孕育了污水治理的新技术，引起了国内外对此领域的深入研究，这也使半导体材料用于催化光解污染物取得了突破性进展。进入

20 世纪 90 年代，关于纳米 TiO_2 光催化剂可将环境中的有害物质分解成无害物质的研究成果不断被报道。光催化氧化反应作为一种深度氧化过程，在有机废水处理技术中得到广泛的关注。它具有如下优点：①能使有害物质完全分解，不会产生二次污染；②可以在常压下操作，降低了操作难度；③不需要大量消耗除光以外的其他物质，能降低能耗和原材料的消耗；④能够达到除毒、脱色、去臭的目的；⑤光催化剂具有廉价、无毒、稳定及重复利用等优点。大量研究证实，染料、表面活性剂、有机卤化物、农药、油类、氰化物等都能有效地进行光催化反应，经脱色、去毒，矿化为无机小分子物质，从而消除对环境的污染。

原二炮某研究院系统开展了光催化氧化降解推进剂污水的课题研究。课题组研制了推进剂专用高活性复合光催化剂，解决了催化剂的矿型、烧结温度、吸附力、混合比、比表面积、固定化、水中溶解及再生等难题，实现了专用复合光催化剂的工业化生产；研制了不锈钢丝网填充床光催化氧化反应器，解决了光催化反应技术的工程化问题；经过大量基础实验，确定了光照强度、反应时间、温度、pH、氧化剂和助催化剂的选择及投加量、光照后的生化降解、中间产物消除等最佳工艺条件；提出了推进剂废水的光催化氧化处理法的处理工艺，该法处理效率高，污染物降解彻底，处理后污水达到航天推进剂水污染物排放标准；首次实现了光催化反应装置的车载化，成功研制了液体燃烧剂污水处理车。该车的处理费用是原装备臭氧法的 1/30，效率是臭氧法的 15 倍，可满足燃烧剂污水处理的需要，是提高部队战斗力和保护生态环境的一项重大措施，具有显著的军事效益和环境效益，也可处理航天部门和工矿企业相关污水。2004 年，该课题研究成果获军队科技进步一等奖。

5. 组合工艺技术研究

由于作战及安全保密的要求，原二炮部队在部署上呈大分散状态，部队营区大多分布在崇山峻岭之间，各作战部队相距较远，这就使废水很难被集中处理。为妥善安全处理推进剂废水，某研究院针对推进剂废水的污染特点，开展了推进剂废水组合处理技术研究，全面、系统、深入地研究了液体推进剂的污染机理和规律，提出了催化氧化法、光催化氧化法和活性炭吸附三级组合处理技术工艺，在研制燃烧剂专用高活性复合光催化剂和光催化氧化反应器、实现了光催化反应装置的车载化和自动化的基础上，开发了导弹氧化剂污水“除氟、除磷、中和、除氮”四效一体联合处理的新技术，解决了氧化剂多污染组分处理的难题；解决了导弹燃烧剂再生中杂质脱除的关键技术；攻克了导弹氧化剂再生中化学除氟、物理除氟的关键技术；首次开发了导弹燃烧剂低温催化燃烧技术，研制了燃烧剂低温燃烧催化剂、可燃性尾气分解催化剂；开发了燃烧剂催化加氢裂解技术，为液体导弹转型后推进剂后处理做好了技术储备；研制了导弹液体燃烧剂污水处理车、导弹氧化剂废水处理车和推进剂污染监测仪，解决了推进剂污染监测、消洗、治理和资源回收利用的重大技术问题，使停滞了 20 多年的推进剂污染控制技术进入了一个崭新的阶段。该课题组建立的组合工艺技术解决了推进剂残液排放污染驻地环境的问题，也为其他基地推进剂的废水治理工程建设提供了参考依据。该课题研究成果已列入全军后勤装备体制，在二炮部队得到推广和应用。2005 年，该成果获国家科技进步二等奖。

6．含肼废水净化与回收装置研制及应用研究

无水肼对人类有潜在致癌作用，属强刺激、高毒物质，并具蓄积性，能经皮肤、消化道、呼吸道迅速吸收而排泄，解毒缓慢，可引起肝萎缩、诱发肿瘤和发生染色体畸变。传统的处理无水肼生产、运输、贮存、使用和分析化验过程中产生的废液、废水的方法是焚烧销毁或用高锰酸钾、漂白粉、次氯酸钠等直接氧化破坏，但存在处理不彻底和二次污染问题。为此，某军队院校的环保技术人员针对含肼废水传统处理方法存在的问题，开展了含肼废水净化与回收技术研究，建立了含肼废水净化与回收的工艺流程：对高浓度含肼废水，先以化学成盐的形式回收在农药、医药、塑料制品等方面具有广泛用途的基本化工原料——硫酸肼，然后再催化、氧化、净化回收硫酸肼后剩余的肼浓度已较低的废水；对低浓度含肼废水，则直接进入催化氧化流程进行处理。通过大量试验研究，优化了处理系统的工艺参数，研制了一套含肼废水的净化与回收装置。该装置由硫酸罐、冷却结晶罐、双氧水罐、氢氧化钠罐、中和罐、沉入式 pH 发送器、流通式 pH 发送器、离心泵、射流泵、电磁阀、减速机、搅拌器、离心机、液位计等组成，并通过管道连接。通过 N_2H_4、pH 传感器实现进、出水肼浓度和 pH 在线监测；进、出水自动操作，动态流程显示，微机控制。装置主体直径 600 mm，主体高度 780 mm，设

备总质量 250 kg，水泵电机实耗功率 0.37 kW。经实际使用证明，该装置可达到如下技术指标：废水处理量 800～1 000 kg/h，出水中 pH 为 6.5～7.5、肼质量浓度小于 0.02 mg/L，满足国家规定的废水排放标准。

（二）弹药销毁废水处理技术

目前，全军已相继建立了一批报废武器弹药销毁站，以专门消除废旧弹药因长期存放产生的爆炸隐患。弹药销毁处理过程中将会产生以 TNT 为主要污染物的弹药废水。弹药废水毒害性大，必须加以处理才能排放，其处理方法综合起来有三种：第一种是物理法，如吸附法、表面活性剂法、萃取法、膜分离法等；第二种是化学氧化法，如焚烧法、臭氧氧化法、H_2O_2 氧化法、超临界水氧化法、紫外光照射法、湿式空气氧化法、电絮凝法、脉冲等离子技术等；第三种是生物法，包括好氧生物处理法、厌氧生物处理法以及生物氧化塘法等。这些处理方法在处理深度和效果上不尽相同，目前大多仍旧停留在试验阶段，在实际工程中的应用较少。因为 TNT 的毒性极强，对 TNT 废水的排放国家是严格控制的，其排放标准为 0.5 mg/L，要达到国家的排放标准，单纯一种处理工艺是很难达到要求的，现阶段往往采用组合工艺进行综合处理。军区弹药销毁站的弹药销毁工作是间歇进行的，废水因此也是间歇排放的，且每年工作时间比较集中，废水一般通过集水池储存起来，然后集中处理。根据销毁站的废水排放规律以及所要求的处理程度，同时要适应部队的管理水平，必须采用灵活的处理工艺。为此，军队环保专家积极开展了废旧弹药拆解废水污染防治技术的科技攻关，开发了处理效果好、适宜军队弹药废水排放规律的处理技术工艺。

1. 气浮过滤+紫外线臭氧氧化+生物塘三级组合工艺技术研究

经过充分调研与综合比较，结合氧化剂获取的难易程度、设备投资、氧化效率等因素，臭氧氧化法是处理弹药废水的一种有效方法。但是，单纯采用臭氧紫外光氧化处理 TNT 废水在工程上是不经济的，处理时经过 4 h 反应，出水 TNT 浓度不能保证达到排放要求的 3.0 mg/L。而且随着反应时间的延长，臭氧的利用率会逐渐降低，因此考虑采用臭氧氧化和其他传统工艺联合处理技术，在臭氧氧化处理之前采用物化法去除废水中的悬浮物和颗粒沉淀物，减少在氧化罐中的悬浮物和颗粒物对臭氧的消耗。为此，某研究院在大量理论与试验研究的基础上，完成了弹药废水处理臭氧氧化工艺参数的优化及处理装置的设计，并且结合营区工作状况和废水的排放特点，制定了合理的处理流程和周期，成功研制了气浮过滤一体化设备及弹药废水处理专用氧化装置，首次提出了处理弹药废水的气浮过滤+紫外线臭氧氧化+生物塘三级组合工艺。在该组合工艺中，初级单元利用一次成溶气水的气浮过滤工艺进行弹药废水的除油、去渣；二级单元利用紫外线-臭氧联合氧化工艺进行弹药废水中 TNT 等有机污染物的降解；三级单元利用水生动物、植物进行深度处理兼有指示作用。整个工艺系统操作容易，管理方便，设计科学合理，实现了系统整体的高效率运行。该处理工艺在某军区弹药销毁站的实际运行结果表明，气浮过滤+紫外线臭氧氧化+生物塘三级组合工艺处理效果好，各项指标均达到排放标准。

2．H_2O_2-Fe^{2+}体系高级氧化处理技术研究

某军区弹药销毁站于 2003 年启动了弹药销毁废水处理工程技术的课题研究工作。课题组通过对弹药销毁过程及工艺进行现场调研，了解弹药销毁废水的产生过程，通过对比分析，提出了 H_2O_2-Fe^{2+}体系高级氧化技术的基本思路，通过实验室静态试验，分析了影响氧化反应的主要影响因素，讨论了 H_2O_2 投加量、Fe^{2+}投加量、pH、温度及反应时间对 TOC 去除率的影响，确定了试验运行参数，探讨了 H_2O_2-Fe^{2+}去除 TOC 及 TNT 的机理，设计和加工了废水处理设备，完成了现场扩大试验，不断优化了处理工艺的运行参数，研究确定了弹药销毁废水高级氧化处理工艺。实际运行结果表明，该弹药销毁废水处理技术具有设备组合合理、紧凑、占地面积小；采用高级氧化技术，处理工艺先进；出水水质稳定，抗冲击负荷能力较强；出水满足污水排放标准，可回用于冷却水系统，使水的利用率提高等优点。2006 年，该项成果获军队科技进步二等奖。

3．膜生物法处理技术研究

膜生物反应器（MBR）是膜组件与生物反应器相结合的一个新型生化反应系统。该系统中生物反应器是污染物降解的主要场所，其特点是将膜过滤应用于污水生物处理中的泥水分离，既可获得高质量的出水，同时又可将浓缩了的泥水混合物重新返回生物反应器，从而使生物反应器内能够维持足够的微生物量，有利于提高污染物的降解效率。针对废

旧弹药销毁废水处理技术存在的不足，某研究所开展了膜生物反应器处理弹药销毁废水技术的课题研究。课题组根据生物共代谢原理，培养了以 TNT 和外加碳源为养料的专性微生物，研究提出了“兼氧水解酸化—好氧氧化—膜分离”工艺，实验优化了工艺设计参数和运行参数。课题研究结果表明，进水 TNT 质量浓度为 70～85 mg/L，COD 质量浓度为 680～700 mg/L 时，出水 TNT 仅为 0.28 mg/L，去除率可高达 99.7%；出水 COD 质量浓度低于 60 mg/L，去除率在 90%以上。从系统运行状态来看，污泥停留时间长，污泥发生量少，所选工艺暂时无须排泥，解决了污泥处理问题。由于 MLSS 浓度可以远远高于传统的生物反应器，系统容积负荷的提高使反应器小型化成为可能，特别适用于小水量弹药销毁废水的处理。

4．电液压脉冲处理技术研究

电液压脉冲技术的基本原理是利用高压电击穿反应室的主间隙，使储存在电容器的能量瞬间（毫微秒级）释放出来产生脉冲放电，在常温常压下获得大量的非平衡等离子体，使难生物降解的有机物降解。普通交流电（220 V/380V）经过高压变压器、高压整流器、限流电阻后将产生 4～100 kV 的高电压直流电，对电容器进行充电，使其中储存高能量（达 10^3～10^6J）。当施加在放电间隙上的电压达到能击穿其空气介质时，反应室中的主间隙也随之击穿，储存在电容器的能量瞬间释放出来，使处理室内的能量密度增至 10^9 J/m^3，物质被加热，产生的等离子体高速向外膨胀而形成空化流。发生上述现象的同时，放电还产生了强的电场、磁场、紫外线及 X 射线、超声波等，进而使有机污染物降解。电液压脉冲技术具有常温常压、无选择性、无二次污染等特点，因而成为难生物降解有机物处理技术的研究热点，具有良好的应用前景。

某学院在“难生物降解军事污水电液压脉冲降解技术与装置研究”的课题中系统开展了电液压脉冲处理 TNT 废水的技术研究，研究了放电时间、放电电压、电极间距、气流量、初始浓度、初始电导等影响降解的因素，采用无因次方法对降解效率与影响因素进行了关联，建立了液中放电等离子体降解 TNT 废液的数学模型，在此基础上研制了由高压脉冲发生器、反应器和控制器三部分组成的电液压脉冲等离子体处理装置，其中高压脉冲发生系统为反应器提供高密度的电能来源，包括调压变压器、高压变压器、整流硅堆、限流电阻、储能电容及空气开关。调压变压器在 0～220 kV 范围内无级调压，高压变压器在 0～100 kV 输出，限流电阻为水电阻，电容为 1 F，空气开关为间隙式可调开关。反应器为一钢制圆筒，其内径为 250 mm，高为 400 mm，内设绝缘座，安装一尖钢制电极。接地系统用来保证设备和操作人员的安全，主要包括自动接地装置和接地地网。课题组利用该装置系统考察了放电电压、放电次数、电极间距等不同电参数条件下高压脉冲放电等离子体技术对 TNT 的降解特性，研究了初始浓度、初始 pH、废水温度和电导率等水质参数对 TNT 降解效果的影响，开展了实验装置材料、电极结构形式、电极放置方位对 TNT 降解的影响研究，提出了电极的最佳设计理论和方法，建立了电液压脉冲处理降解 TNT 废水的工艺流程，给出了运行参数优化组合和最佳催化剂。2008 年，该研究成果获军队科技进步三等奖。

（三）洗消废水处理技术

为适应军队对核、生、化武器防护的需要，及时消除敌人袭击后造成的后果，必须对遭受袭击的部（分）队的人员、武器、技术装备进行洗消，从而产生洗消废水。洗消废水中所含成分主要以表面活性剂为主，同时也含有少量助剂，具有污染物组分复杂、种类多、水质差、水量大、泡沫多、有毒、生物降解难度大等特点，一旦进入环境，会对水、土壤和空气环境造成污染。为了对洗消废水进行有效处理，军队环保技术人员针对目前洗消废水处理方法存在的问题，开展了洗消废水处理工艺技术研究，研究开发了防化装备环境试验洗消及废水处理系统，并取得了重要的研究成果。

1．二级混凝沉淀+化学氧化+活性炭过滤的处理工艺技术研究

军事洗消要求速度快、效果好，以适应军事活动的需要，由此产生的废水具有表面活性剂浓度高、消毒剂浓度高、水量少、批次产生等特点。其带来的环境危害也非常大，很难用常规的混凝、吹脱等物化和生物法进行处理，因此需要根据洗消废水的具体情况开展处理技术研究。为此，某研究院的科技人员分析了军事洗消废水的水质特征，系统开展了洗消废水的沉淀、混凝、氧化、吸附等处理方法研究，通过实验研究确定了中和剂选择的原则；比较了 PAC、硫酸铁和硅藻土的混凝沉淀性

能，筛选了洗消废水处理的混凝剂；分别开展了高铁酸盐和 H_2O_2/Fe^{2+} 氧化降解洗消废水污染物的实验研究，确定了氧化剂的投加量；开展了不同吸附材料的吸附性能研究，确定相关工艺参数。在此基础上，建立并优化了“二级混凝沉淀+化学氧化+活性炭过滤”处理洗消废水的工艺流程。该课题研究成果在某试验洗消废水处理工程中得到应用，实现了洗消废水的有效处置。

2．防化装备环境试验洗消及废水处理系统研究

防化装备的特点和特殊性决定了其主要技术性能和技术指标大多需要通过实毒试验、相关战剂试验来进行评价，试验过程中不可避免地会对试验环境和参试装备产生化学战剂（模拟战剂）沾染，这类物质对人员危害大，对环境污染严重。因此，化学战剂（模拟战剂）沾染以及污染废水的处理已经成为防化装备环境试验后勤保障工作面临的重要课题。为此，某研究院开展了防化装备环境试验洗消及废水处理系统的课题研究工作。课题组紧密围绕防化装备环境试验需求，着力解决防化装备试验后勤保障中存在的设备安全、人员防护、污染治理等问题，分析了防化装备环境试验洗消及废水处理系统对装备保障的重要意义，通过大量的调查研究，提出了系统的总体设计技术方案和采用的关键技术途径，实验确定了洗消废水处理的工艺流程参数，建立了由化学战剂试验箱、温度/湿度控制系统、洗消喷淋系统、废水处理系统及相关控制系统构成的防化装备环境试验洗消及废水处理系统。课题研究结果表明，该系统的先进性主要体现在：一是提供涵盖防化装备环境试验所需的温湿度环境条件，温度、湿度可调，可以快速构建所需的试验环境；二是全自动、一体化的洗消/废水处理系统，射流角度、射流压力等参数的调节采用计算机控制，其中高压喷淋控制系统是洗消系统的关键部分，直接关系着洗消作业的效果；三是测控系统采用计算机辅助测试手段实现数据的综合采集与处理，控制操作简单，通过图形界面实现高质量的环境试验及洗消技术性能测试；四是利用目前国际先进技术研制开发满足防化装备试验、后勤保障所需的菜单式操作模式，一键式切换，充分体现整套系统的高技术含量。课题组很好地解决了装备试验后勤中的安全防护和污染治理等问题，可以确保防化装备环境试验工作的安全有效进行，对确保防化装备的质量可靠和试验安全具有重要意义。

（四）放射性废水处理技术

贮核阵地放射性废水主要来自相关设备正常维护和定检操作过程中产生的维护人员的洗消污水以及清洗作业现场地面、台面的污水。长期的监测结果表明，正常贮存情况下，贮核阵地排放的废水中铀和钚的含量是安全的，而且不会对生态环境产生不良的影响。但放射性核素具有累积效应，不易衰减，且随着核材料和定检时间的增加，以及核试贮基地的增加，导致放射性废水排放量和范围有所增大，随着废水的长期外排，坑道周围的土壤、植物、动物、水中某些放射性核素含量增加。同时，根据核设施排放到环境中铀、钚、氚的含量情况，其他国家就可侦察到核武器库的位置，基本估算其核武器的类型、数量，导致核敏感信息泄露，同时也会破坏阵地周边的环境质量，危害人员健康。加强贮核阵地放射性废水治理，对确保核设施的安全运行，提高反侦察能力，保护作业人员和周边地区的环境安全，以及阵地核信息安全具有极为重要的意义。为此，军队有关院所积极开展了放射性废水处理技术研究，在一体化放射性废水处理系统研制、膜分离技术在放射性废水处理中的应用、核生化沾染水处理装备研制等方面开展了卓有成效的研究工作，为有效处置放射性废水提供了重要的技术支撑。

1．一体化放射性废水处理系统研究

某研究院在充分论证调研的基础上，汲取国内外有关单位的经验，开展了低浓度放射性废水处理技术研究，提出了由预处理、膜处理和后处理三部分组成的一体化放射性废水处理系统，其工艺流程为砂滤、超滤、活性炭吸附、纳滤、离子交换等多级过滤后，经检测确认处理合格后再行排放，剩余的浓缩水经过加热蒸发、固化打包作为放射性固体废物处理。处理后的废水满足《二炮阵地放射性废水排放标准》（GJB 4554—2003）、《核弹头贮存库房环境放射性污染监测》（GJB 1368—1992）和《城镇污水处理厂污染物排放标准》（GB 18918—2002）中的相关要求。课题研究成果在原二炮某阵地放射性废水处理系统中得到实际应用。运行结果表明，在保证设备正常运行的情况下，废水中放射性核素铀和钚的过滤效率均在99%以上，废水排放满足相关标准和核安全的要求。

2．放射性废水膜分离技术研究

为了有效解决放射性废水的污染问题，某研究院针对二炮部队放射性废水的水质特点，利用了纳滤膜只对特定溶质具有很高脱除率的特性，系统研究了膜分离技术的预处理工艺，通过理论推导和大量实验研究，建立了放射性废水无害化处理的系统。该课题组提出了截留低分子的膜可以截留高分子有机物的学术新观点，完善了纳滤膜的分离机理；首次对核爆后污染水的组成进行了科学的模拟，建立了“临界膜污染点”的动态模型，为纳滤膜的制造与系统设计提供理论依据；首次研制出具有独立知识产权的放射性废水膜分离处理装置，利用该装置对原二炮某阵地放射性废水进行有效处理，确保了阵地环境安全。2005 年，该成果获军队科技进步二等奖。

3．核生化沾染水处理方法研究和系列装备研制

某研究院系统开展了二炮阵地核生化沾染水处理方法研究和系列装备研制，在以纳滤膜为核心的特种水污染处理方法基础上，系统研究了膜分离的预处理和后处理方法，使含“三致”（致癌、致畸、致突变）及前驱物质、核生化沾染水的净化达到国家相关标准。采用了硅藻土过滤器—活性炭吸附—中空纤维超滤—反渗透的工艺流程，研制了具有防护、伪装、供发电和自装卸等功能的抽拉式可扩展方舱，实现了野外缺水状况下的饮水净化和淋浴水处理回用。研究成果进一步完善了阵地核生化沾染水污染控制体系，提高了部队的战斗力，具有重大的军事、社会、经济和环境效益，这对于推动我国、我军核生化沾染水处理工艺研究具有积极作用，对从事水处理技术研究和环境保护工作者及其他军兵种特殊污染水处理也具有参考价值。2008 年，该成果获国家科技进步二等奖。

4．车载式放射性废水处理装置

为了实现核设施退役过程中产生的放射性废水的安全有效处理，某研究院积极致力于放射性废水处理新型技术及设备的研发，研究开发了絮凝沉淀并结合中空纤维膜微滤一体化处理工艺（以下简称 CMF 工艺），研制了放射性废水 CMF 工艺处理系统固定装置，开展了膜分离技术处理放射性废水的实验研究，优化了主体工艺流程和运行参数，在此基础上，成功完成了车载式放射性废水处理装置的研制，实现了放射性废水处理装置的可移动性、集成化、处理放射性废水的多样性和高效性。

车载式放射性废水处理装置首创了用于处理低放废水的预氧化沉淀、混凝、微滤和离子交换柱组合工艺，可根据废水中放射性核素的种类及活度，在 PLC 控制下，采用不同的运行方式，控制添加试剂的种类和配比，实现同一套装置处理含不同放射性核素废水的功能。车载式放射性废水处理装置组成设备简单，结构紧凑，布局合理，所采用的膜技术处理低放废水新工艺对放射性废水的处理具有较高的去污系数及浓缩倍数。该装置的研制成功不仅实现了放射性废水处理装置的小型化、可移动化，而且具备一机多能的功能，提高了设备的使用率，在放射性废水处理领域中具有广阔的应用前景。

5．小型放射性废水蒸发装置设计

放射性废水的蒸发处理法因具有净化系数高、浓缩倍数大、灵活性大、技术理论较为成熟等优点而被广泛应用。但蒸发法存在消耗热能多、运行费用高等缺点，因此蒸发器的节能问题成了焦点。放射性废水在蒸发处理时，一般采用负压操作，这有利于放射性污染的控制，即使设备元件出现密封失效，也能确保放射性气、液体不会轻易向外泄漏。鉴于负压操作较常压操作能耗大，某研究院根据蒸发处理放射性技术原理，设计了一套由真空蒸发器、冷凝器、换热器和辅助处理系统组成的小型化蒸发处理装置，实验研究了蒸发处理装置的工艺流程：原始废水经换热器预热后进入蒸发装置，经进一步加热后蒸发，水蒸气经换热器换热后经过冷凝器冷凝成液态水；放射性物质等不被汽化而保留在溶液中，待浓缩到一定程度后将蒸残液转出进一步固化处理。同时，该课题组为了提高净化效果，减少雾沫夹带，在蒸发器上端设置丝网净化器以去除蒸汽中夹带的放射性液滴；为了实现节能目标，在该装置的蒸发器出口设计了一个换热器，利用蒸汽的汽化潜热预热原始废液。研究结果表明，该课题组研制的小型放射性废水蒸发装置能够实现负压条件下对放射性废水的蒸发浓缩处理，提高了装置运行的安全性和可靠性，解决了负压操作带来的能耗增加问题。

（五）舰船油污水处理技术

舰艇的油污水主要包括机舱舱底水、洗舱水和压舱水，是互不相溶的液-液两相体系，其处理方法的实质是采用合适的技术实现油水分离。传统含油污水分离技术是利用重力分离的原理进行油水的分离的，包括重力分离、粗粒化、过滤等物理分离技术，混凝沉降、混凝浮选、分级混凝、二次混凝、中和混凝处理以及酸碱处理等化学处理技术，气浮分离、过滤-气浮-反渗透等物理化学技术，微生物混凝技术、水生植物法、水生植物-化学絮凝法等生物技术。随着油水分离技术的发展，国内外开发了许多新型油污水分离装置，这些装置都是在原处理系统的基础上增加了深化处理系统，主要包括膜分离系统和吸附系统等。我国海军的不断发展壮大，舰船数量的增加和训练力度的加大，舰船出入港频繁，港内水域被油类污染得越来越严重。为了保护我国海域的环境，全军环境绿化保护委员会将舰船含油废水列为军事区域亟待处理的特种污染之一，组织军内外环保技术人员开展了舰船含油污水处理技术研究，并取得了许多创新性的成果。

1．舰船含油污水处理工艺研究

由于舰船油污水的水质、水量情况各不相同，其处理工艺存在一定的差异。某研究院组织环保技术人员开展了舰船含油污水处理工艺技术的课题研究，分析了现有各种处理方法的优缺点，结合舰船油污水的特点，考虑到经济实用的原则，结合部队特点，分别开展了机械气浮法、电气浮法和水力旋流分离（三相分离）法的试验研究，研制了 JQF 型机械气浮设备和 ZX-Ⅱ型旋流分离器，然后针对不同处理规模的油污水，获得了工程实施可用的技术参数，并利用研究结果开展有针对性的工艺流程研究和示范工程设计。课题研究结果表明：舰船含油污水处理工程设计时，应充分调研，结合军港的规模、位置、处理要求等因素，同时对需要处理的含油污水进行水质分析，选择合适的处理工艺。

（1）对于小于 300 mg/L 的低浓度含油污水，采用隔油沉淀+气浮处理的处理工艺。通常舰船油污水中，乳化油的含量较少，通过简单的沉淀隔油，大部分浮油和分散油被去除，沉淀隔油的效率一般可达到 40%～60%。再经过气浮处理，处理效率一般在 80%以上，即可达到排放要求。

（2）对于含油在 300～1 000 mg/L 的中浓度含油污水，采用隔油沉淀+旋流分离器+气浮处理的处理工艺。污水通过沉淀隔油后，去掉其中大部分的浮油和部分分散油，再经高效旋流分离器处理，其对分散油和乳化油均有一定的处理效果，最后经过气浮处理后进入监测池，通过监测后确定是否达标。如果达到排放标准则排放，不能达标时，回流到原污水池进行循环处理。

（3）对于含油在 1 000 mg/L 以上的高浓度含油污水，增加粗粒化处理工艺环节，采用隔油沉淀+旋流分离器+粗粒化处理+气浮处理的处理工艺。粗粒化工艺是广泛采用的油水分离工艺，对分散油和乳化油均有较好的处理效果。其与旋流分离器、气浮处理相结合，可以有效处理含油污水。

2．舰艇油污水接收处理技术研究

为了有效解决舰艇油污水常规排放产生的水环境污染，海军组织了舰艇油污水接收处理系统关键技术的科技攻关。课题组从引进民用船舶油污水分离设备对舰艇加改装入手，研制出适合舰艇特点的小型、高效、优质的舰用油污水分离装备，满足了舰艇航行中水中油含量 15 mg/L 的排放需求；继而研制了军港岸上油污水接收处理系统和移动油污水接收处理装备，实现岸、海全方位接收处理，解决了舰艇在靠泊、锚泊状态下油污水的排放问题，使经处理排放的舰艇油污水中油含量小于 10 mg/L，达到了中国近岸港口海域油污水的排放标准。

（1）舰艇油污水接纳处理技术及装备。

舰艇油污水接收处理系统一般由舰艇自身油污水处理装备、军港油污水接收处理船、港岸油污水接收处理站等构成。舰艇自身油污水处理装备处理能力低，存在油二次污染和溢油风险；接收处理站具有接收能力强、处理效率高、造成油污水二次污染和溢油风险概率小的优点，同时也存在由于泊位固定，需花费时间调动泊位，建造费用、运行费用较高的不足，更适合规模较大的军港，接纳处理压载水、洗舱水；接收处理船海上机动性能好、可操作性较强、接收能力强、处理效率高，利用气动隔膜泵实现对无油污水标准排放接头舰艇的主动式接纳，但建造费用、运行费用高，且存在一定的溢油风险。为了解决舰艇油污水接收处理系统存在的问题，实现有效处理舰艇油污水，海军某研究所开展了舰艇油污水处理技术与装备研究，成功研制了舰艇油污水接纳处理车，并在旅顺基地完成了部队使用试验。试验期间，利用该车顺利完成了对驱逐舰、护卫舰、扫雷舰、猎潜艇、防救船、油船等 10 艘舰船的主动接纳，研究结果表明：该车组机动灵活、接纳方便快捷、各组件性能良好，达到设计要求，符合实际使用要求。2004 年获军队科学技术进步三等奖，列入后勤装备系列。舰艇油污水接纳处理车的研制成功增强了军港陆上的接纳处理能力，完善了军港舰船油污水接纳处理体系，为中小型军港的舰船油污水治理提供了切实可行的手段。

（2）军港舰船油污水处理系统。

课题组采用具有防爆、安全、轻便、抽吸彻底特点的气动隔膜泵作为抽吸设备，设计了靠泊、锚泊和外出训练舰艇油污水的三种接纳方式，研究提出了工艺合理、操作方便、处理效率高、运行费用低廉的重力-吸附处理工艺流程，从而构建了由舰船油污水接纳系统、分离处理系统和排污监控系统三个子系统组成的军港舰船油污水处理系统，形成了对海军各型舰艇油污水进行有效接纳、处理至达标排放这一整体功能。经多年运行，证明该系统性能良好，并收到了较好的环境效益、社会效益和经济效益；达到了防止舰艇污染军港水域、保护军港环境这一预期目的。

3．船舶含油污水处理关键技术与装置研究

该课题组突破了船舶油污水处理的关键技术难题，研发出新型 PVC 填料组分配方，研究设计了新型 PVC 波纹填料，与国内现有 PVC 填料相比，亲水性提高了 1/3，挂膜速度提高 1/3，填料比表面积是常规填料的 2 倍以上；与国际领先的日本 PVC 填料相比，主要技术性能指标略优，价格仅为日本 PVC 填料的 1/3。课题组采用自研填料，研发出紧凑式一体化生物接触氧化新工艺、能耗低的新型船舶生活污水处理装置，获国家发明专利授权 1 项；研发出新型聚凝器，并结合油污水处理工艺的高效创新设计，研发出新型船舶油污水处理装置；研发出另一类集 ABR 和 UASB 优点于一体的船舶污水厌氧处理新技术；研发出规模化生产业务流程控制信息管理系统；研究提出无岸电输送情况下污水处理装置低能耗能源的解决措施；研究提出船舶污水处理装置运行自动监控管理措施。研发生产的系列新型船舶生活污水处理装置和船舶油污水处理装置，主要性能指标远优于国内现有处理设备；与国际领先的日本船舶污水处理装置相比，主要技术性能指标部分略优，价格仅为日本产品的 1/2。系列装置获得中国船级社的型式认可，拥有自主知识产权，总体技术处于国际领先行列水平，被列为中国环境保护产业协会重点保护的实用技术。

第二节　大气污染物防治技术研究

随着国家经济和军队建设的迅速发展，用煤量剧增，工业生产、交通运输、军事活动等产生的各种废气在污染大气的同时，使营区的大气环境也受到了不同程度的污染，并成为危害官兵身体健康的一大杀手。预防和治理营区大气污染，已成为与广大官兵切身利益相关的环境问题。为此，军队环保技术人员针对营区大气污染源的特点，大力开展了军事区域大气污染治理技术研究，在营区锅炉污染防治、弹药销毁废气污染防治、防化危险品销毁废气污染防治、推进剂废气污染防治、特殊战位空气污染防治等方面取得了许多技术成果，为提高军事区域大气污染的治理质量奠定了坚实的基础。

一、营区锅炉废气治理技术研究

限于经济发展和资源状况，我国的能源结构仍以煤炭为主，军队营房供暖、饮食加工等仍以煤炭为主要燃料。近年来，军队积极支持政府改善大气环境的举措，按照统一要求，积极行动，开展了军营燃煤设施改用清洁能源的工作。同时，组织环保专家积极开展锅炉废气治理技术研究，取得一些有重要推广前景的研究成果，为营区锅炉废气的有效治理提供了重要的技术支撑。

1. 营房燃煤烟气脱硫技术研究

根据我国目前开发的中小型烟气脱硫设备存在的问题，军队环保科技人员开展了军队营房烟气脱硫技术研究，提出了一种新型碱性废渣净化酸性废气的工艺，研发了一种净化酸性废气的装置。课题组采用新型喷淋技术，使用碱性废渣实现烟气的治理，研究开发了冲击式结构的新型洗涤喷嘴，解决了喷嘴的堵塞问题，并且使喷淋后液滴密度分布均匀，吸水率高，污染物去除率高；通过大量实验优化了工艺流程参数，研制了由制浆池、喷淋塔、储液池组成的净化酸性废气的装置，以碱性废渣为原料实现了燃煤烟气的有效吸收。课题组研制的酸性废气净化装置获国家实用新型专利，工艺简单可靠，维护方便，成本低廉，既解决了废气的净化，也解决了固体废物的处理，实现了“以废治废”，具有较好的社会效益和环境效益。

2．燃煤锅炉烟气余热回收与除尘一体化技术研究

取暖燃煤锅炉在实际运行中，热效率仅有60%左右，老旧锅炉效率更低，比现行的《锅炉节能技术监督管理规程》规定的工业锅炉热效率指标低近 20 个百分点，能源资源浪费情况比较突出，也给部队取暖工作带来严重的经济负担。为此，某锅炉环境监测站开展了“军队燃煤锅炉烟气余热回收与除尘一体化”课题研究。课题组针对中小型燃煤锅炉的设备类型和结构特点，对其尾部烟气采用低温高效余热回收技术，使锅炉排烟温度降低到 80～100℃，减少排烟热损失，提高燃煤锅炉的热效率，同时有效吸收烟气中水蒸气的汽化潜热，避免锅炉排放口周围酸雨、酸雾的产生。余热回收的同时，采用除尘与余热回收一体化设计，合理设计超导热交换元件，改善烟尘的分离效果，降低烟尘浓度与烟气中烟炱的产生，吸收部分硫化物，达到节能环保的目的。同时，课题组重点研究了装置运行的安全性、操作维护性能、经济性、投资收益指标和占地面积等综合指标，是一项十分实用的节能环保应用技术。该课题研究成果在某综合训练基地供暖中心锅炉房使用后，进行了测试，主要节能环保指标如下：排烟温度下降了 110℃，回水温度提高了 4℃，热效率提高 8.5%；烟尘浓度下降了 11%，SO_2 浓度降低了 25%；节能装置的换热效率为 31%；投资成本测算在 1 个采暖期收回。2011 年，课题组研制的低温热导热交换锅炉烟气余热回收除尘装置获得山东省机械工业科技进步二等奖，获军队后勤科技进步三等奖。

3．微泡技术在部队供暖工程中的应用研究

中小型燃煤锅炉在军队供暖、洗澡、医疗中广泛采用，但因烟气排放不达标受到限制。烟气中，烟尘、SO_2 和 NO_x 等污染物的治理技术十分成熟，但因投资费用高、系统复杂、管理烦琐，在中小型锅炉中应用普及不好。为此，某锅炉环境监测站开展了“微泡技术在部队供暖工程中的应用”的课题研究。课题组以烟气脱硫、脱氮一体化技术为研究方向，吸取了双碱湿法和多管干法的技术优点，采用了干湿结合，先干法、再湿法，再半干法的技术思路，应用旋击微泡发生技术将吸收液泡化，使烟气与吸收液充分混合，气液接触面积大大增加；采用药剂和机械方式，使液体微泡化，提高反应速度和接触剧烈程度，提高烟气净化处理

效率；利用锅炉排污废水配置吸收剂，并循环利用；用锅炉除渣水封池和除渣设备来吸收混合沉淀物，结合锅炉除渣一并外排，不用定期清理。该研究成果在某军区仓库示范应用后效果较好，操作方便，运行稳定，烟气排放指标大大改善，受到使用单位的好评。2008 年，该课题研究成果获得军队科技进步三等奖，课题组设计的旋击微泡式烟气净化装置获得山东省机械工业科技进步三等奖。

4．取暖锅炉烟气再循环节能系统研究

中小型燃煤锅炉运行中，排烟温度及烟气过量空气系数比较高，一般排烟温度在 240℃左右，过量空气系数在 2.4 以上，造成锅炉热量的浪费和热效率的下降，与国家标准要求的指标还有不小的差距。同时，过量的空气还会携带大量的烟气与飞灰，烟气中氧的增加会导致过量的氮氧化物和硫化物的生成，从而带来大气环境污染。为此，某锅炉环境监测站的技术人员研制了燃煤锅炉烟气再循环节能装置，建立了军队取暖锅炉烟气再循环节能系统。该课题组将锅炉烟气从锅炉尾部烟道引出送入烟气循环装置，与空气混合预热，经分流脱水进入送风系统；利用烟气取代部分过量空气，因烟气中含有水蒸气和 CO_2，使输送助燃的空气具有更大的比热，可以减少炉排冷却所需要的空气量，使锅炉可以在更低的过剩空气系数下运行，同时提高了送风温度，使炉膛内燃烧混合欠佳的部位进一步强化扰动，确保炉膛所要求的热强度，另外也使烟气中的可燃物进一步循环燃烧，提高了锅炉热效率。该课题组设计合理，技术先进，方法科学，经济实用，在某部队应用后，测试其排烟温度降低 60℃左右，过量空气系数降低 15%～20%；NO_x 排放量降低 40%左右，锅炉热效率提高 5%左右，达到国内领先水平。2010 年，课题研究成果获得军队科技进步三等奖，课题设计的燃煤锅炉烟气再循环节能装置获得山东省机械工业科技进步三等奖。

5．自激离心式双水膜净化器研制

自激离心式双水膜净化器主要用于锅炉尾部烟气的净化，是某环境监测站承担的环境保护领域的重大科研项目。该净化器设计的“自激离心双水膜除尘-石灰乳液脱硫-二次离心水气分离净化——电子自动控制机械定时排渣”工艺，与国内同类湿式除尘设备相比较，具有除尘脱硫净化效率高、阻力损失小、脱水效果好、耗水量低、维护管理方便、无二次污染等优点。该净化器首次采用玻璃钢为主体材料，新颖独特、可塑性好、耐腐蚀性强、使用寿命长，且重量轻（仅为钢材的1/5～1/4）、占地面积小、整体安装方便；采用石灰作脱硫剂价格低廉、来源广泛；设计的二次离心水气分离系统脱水效果好、净化效率大大提高；采用刮板定时排渣，增设电子自控装置操作简单方便、降低了能耗、减轻了劳动强度、杜绝了二次污染，研究成果居国内同类研究领先水平。与广泛使用的机械除尘设备相比，每台锅炉在大气中排放烟尘 5.64 t、二氧化硫 3.53 t，节约超排污费 0.2 万元，对减轻大气污染、改善生存环境、节约污染治理投资具有显著的社会效益、环境效益和经济效益，推广前景广阔。2000 年，该净化器获国家实用新型发明专利。

6. 锅炉湿法消烟除尘脱硫技术研究

华北是燃煤较集中的地区，煤中含硫量很高，锅炉原干式除尘设备不脱硫，不脱硫就达不到国家规定的锅炉烟尘排放的标准。为此，某军区医院组织科技人员开展了锅炉旋流式湿法消烟除尘脱硫技术的课题研究工作。课题组采用水封式除尘器，通过锅炉引风机的风量把炉堂内飞溅的灰尘引入除尘器内，把水和灰尘吹起，经一道弧形墙上边进入第一个挡板墙，再经过第二道中间墙尘粒物落到水池，再经过第三道挡板墙尘粒物完全落入水池，排放出白色烟，脱硫效果达到 90%以上。课题组研发的锅炉旋流式湿法消烟除尘脱硫技术在北京、天津、唐山、保定、石家庄等地区得到推广和应用，取得了明显的环境效益和经济效益。

二、工事内部空气质量优化技术

控制工事内部环境中的空气质量，对污染的空气进行净化，以维持待蔽人员对洁净空气的生理需求非常重要。工事内部空气质量控制技术是将传统的化学防护材料和技术从防护“有毒”物质向防护“有害”物质的广谱性延伸，是战时保持待蔽和战斗人员生理、心理健康的重要手段。近年来，军队相关科研机构致力于工事内部空气质量控制技术研究，系统分析了工程内部空气中污染物的种类、来源、危害，提出了改善工程内部空气质量的技术途径，推动了空气质量控制技术从理论到工程化应用的深入发展，这对于保障工事内人员的生存和健康，保持部队战斗力具有重要的意义。

1．地下工程污染空气光催化治理技术研究

对地下工程内部空气环境质量的分析表明，密闭工程内气态污染物来源于建筑和装修材料的释放，发电设备耗油燃烧、装备车辆运行所产生的废气；储存军用化学品、油料的挥发；人员生理代谢物和霉菌、细菌、螨虫等微生物的滋生蔓延。传统解决空气污染的方法主要有过滤、吸附、UV、消毒、负离子、等离子体和臭氧等。光催化净化技术是近年来兴起的一种高科技前沿净化技术，光催化剂在紫外光的辐照下，产生具有强氧化能力的空穴，其能量相当于 15 000 K 的高温，可以直接杀灭细菌，以及彻底分解有机物，使其变为 CO_2 和 H_2O 等无机无害小分子。为了探索此技术在工程污染空气净化中的运用，某研究院相关技术人员开展了光催化治理地下工程污染空气相关课题研究。课题组以纳米 TiO_2 催化剂制成催化床，在紫外光照射下，选取甲醛、金色葡萄球菌和大肠杆菌为污染物代表，采用自制的间歇式循环光催化反应系统，模拟空气净化环境，研究了污染物在较大的密闭空间、较低的浓度时光催化降解的情况，测试了催化剂载体对甲醛和细菌光催化降解的能力以及光催化剂的稳定性。课题研究成果为光催化空气净化器的研制提供了一些实验依据和技术参数。

2．等离子体、光催化耦合空气净化装置的设计与研究

等离子体技术和光催化技术是近年来气态污染物治理领域的热点技术。相比于传统的空气净化技术，等离子体技术具有处理流程短、效率高、能耗低、适用范围广等优点，光催化技术具有能耗低、操作简单、反应条件温和、二次污染少等优点。两者都被认为是一种极具前途的环境污染深度净化技术。某设计院的环保专家将这两种净化技术有效结合，设计了一种基于等离子体与光催化耦合技术的气态污染物去除装置，实现了对密闭空间典型有害气体的有效净化。课题组根据低温等离子体与光催化耦合技术净化空气污染物的作用机理以及密闭空间有机物污染的特点，研究建立了粗滤-吸附过滤-等离子体与光催化耦合-臭氧吸附-负离子发生器的空气净化工艺流程：以脉冲电晕等离子体与纳米 TiO_2 光催化耦合净化为主要净化手段，辅之以在进气口设置必要的过滤与吸附预处理。在耦合净化单元之后设置消除臭氧的吸附层以对 O_3、CO 等副产物进行吸附处理，并在出气口安装负离子发生器以增加空气

清新度；在此基础上自行研制设计了脉冲电晕等离子体电源、等离子发生器和光催化-等离子耦合空气净化装置。该耦合净化装置对气体有机物的净化实验结果表明，该装置对苯、甲苯、二甲苯、甲醛、二氧化氮、氨、二氧化硫、硫化氢这八种典型气态有机污染物气体 1 h 内的平均净化率均能达到良好的效果（80%～100%）；对气体中的除尘率达 96.9%，对微生物的杀灭率达 100%；整机最大出风量为 538.4 m，正常工作状态下的噪声为 55 dB。该课题组设计采用的粗滤-吸附过滤-等离子与光催化耦合-臭氧吸附-负离子发生的净化工艺流程，可以有效地整合光催化与等离子技术净化的净化效果，对密闭空间典型有害气体的净化具有良好的效果。

3．军事地下工程内部空气污染与控制组合技术研究

军事地下工程（如指挥所、阵地、洞库）是重要的战略军事设施。由于地下工程空气污染物种类繁多且具有协同作用，加上受自然地质条件影响大，密闭性强，常年不见阳光，通风条件差，空气流动困难，导致地下空间内有害气体大量积聚，且相互间产生相加作用，使浓度逐渐增大，这些污染物一旦被人体吸收，会对内部作战人员产生较大的副作用，不仅影响战斗人员的生理健康、情绪，也会引起疲劳、头晕、烦躁、厌倦、注意力不集中、记忆力减退等不良反应，导致工作效率降低，影响作战人员战斗效能的发挥，严重时导致非战斗减员，因此，改善地下工程内部环境质量已经迫在眉睫。为有效改善地下工程内部的空气质量水平，降低空气污染对指战员战斗力的不良影响，某院校开展了“军事地下工程内部空气污染与控制技术”的课题研究。课题组通过分析壁面封堵法、加湿法、常规通风法等氡污染控制技术存在的问题，开展基于氡渗流机制的氡析出规律与运移机制研究，建立花岗石坑道中氡运移的数学模型，开展地下工程花岗石坑道氡污染控制技术和方法研究；针对地下工程内部空间空气污染情况，开展吸附/光催化空气净化材料体系的设计、制备和性能研究，筛选出能够有效降解地下工程内部空气污染物的吸附/光催化材料体系，为地下工程内部空间空气污染物的控制提供材料技术支撑；针对低温等离子技术、光催化氧化技术、吸附技术及过滤技术等净化技术特点，开展组合式空气净化工艺技术研究，设计了多种空气污染物净化组合工艺。通过不同净化工艺之间的协同配合作用，可

以有效地整合不同技术的优势，提高地下工程内部空气净化效果；根据地下工程内部空气污染物特征及上述组合工艺技术的研究，开发地下工程内部空间组合式空气净化装置。该装置可对污染的空气采取多种独立净化技术（吸附、低温等离子体、催化氧化及过滤技术）及相互间的组合净化工艺技术，从而掌握不同组合空气处理工艺的效果及空间内部的空气质量变化规律。该研究成果在某战备工程地下洞库空气质量优化实际工程中得以推广和应用。

4. 二炮阵地密闭环境有害气体净化技术研究

为了有效改善二炮阵地密闭环境内的空气质量，原二炮某研究院先后承担了“二炮阵地密闭环境低温等离子体空气净化技术研究”“二炮阵地密闭空间有害气体净化技术研究”和“导弹阵地二硫化碳污染表征及净化技术”等课题的研究工作，针对二炮阵地密闭环境的气体污染情况进行了检测和分析，系统研究了二炮阵地密闭空间的污染种类、成因及危害，提出了阵地环境污染监测及密闭空间污染治理总体方案，并取得了许多创新性的研究成果。

在“二炮阵地密闭环境低温等离子体空气净化技术研究”课题中，通过现场检测和分析，确定了 12 种气体作为主要研究对象进行试验研究；研制了低温等离子体空气净化装置；探讨了低温等离子体状态下，挥发性有机、无机污染物的降解机理；计算出电晕电极板间的距离为 3～10 mm 时，放电电流最大、放电极电场相互干扰小；研制了可在常压下产生低温等离子体的介质阻挡及脉冲电晕放电的电源，提高了等离子体的空气净化效果：将低温等离子体和吸附技术相结合，对甲苯、甲醛、硫化氢、氨、丙酮等 10 余种有害气体和细菌进行有效净化。该成果已在二炮阵地推广和应用，2002 年获军队科技进步一等奖。

在“二炮阵地密闭空间有害气体净化技术研究”课题中，研制了一系列满足二炮急需的阵地环境污染监测装备和密闭空间污染治理装备；研制了核化污染监测车、气体检测报警仪、低浓度有毒有害气体检测管、低温等离子体空气净化装置和一体化滤毒通风装置。研制的装备得到了广泛应用，已列入全军后勤装备体制。这些成果的推广和应用对保障部队人员的身体健康、延长待蔽人员的停留时间、提高部队的战斗力发挥了重要作用，产生了重大的军事效益、社会效益、经济效益和环境效益。

2007年，该成果获国家科技进步二等奖。

在“导弹阵地二硫化碳污染表征及净化技术”课题研究工作中，首次针对核导弹阵地作业环境中二硫化碳的来源、成因和作用机理进行了系统的调研和大量的实验研究，提出了烹调油烟、机电设备尾气和作业人员排泄物等是阵地内二硫化碳的主要来源，并对二硫化碳的浓度水平进行了卫生学评价，分析了作用机理，为制定二硫化碳的控制对策提供了依据；在反复调研的基础上，经过理论对比，选择了以活性炭纤维为代表的13种净化材料和改性活性炭纤维材料，用静态和动态两种实验方案进行筛选试验，从而研制了具有自主知识产权的二硫化碳气体净化材料，扩大了应用范围，增强了使用效果，解决了二硫化碳污染阵地环境的技术难题；建立了二硫化碳净化材料的实验室和工业化制备工艺和方法，研制了净化材料专用喷头，确立了最佳温度控制参数，为批量生产奠定了基础。针对二炮阵地的实际情况，建立了适于现场使用的液体吸收采样法——二乙胺比色法，建立了相应的标准曲线，测试方法相关性好，方法先进，完善了适合部队使用的测定技术；研制了二硫化碳净化材料，净化效果优于国内现有的其他净化材料，与已装备二炮阵地的坑道有害气体净化装置配套使用，节省了设备投资，减少了占地面积，减少了维护人员的工作量，改善了阵地环境质量，提高了部队战斗力，具有很好的军事效益、社会效益、经济效益和环境效益。2006年，该成果获军队科技进步一等奖。

三、装备维修废气治理技术

坦克等装备在维修过程中其发动机尾气含有CO、HC、NO、碳烟微粒等污染物，严重危害了广大官兵的身体健康，是坦克修理部门反映最强烈的环境污染问题。它不仅严重影响了环境，而且致使许多指战员患上了矽肺等疾病。为此，军队环保科技人员开展了装甲部队装备维修废气综合治理技术的课题研究工作。课题组以壁流式陶瓷过滤柴油机碳烟，采用红外技术再生，通过对再生温度的反馈，调整积碳量及再生废气流量，优化了再生过程，在此基础上研制了红外再生碳烟微粒捕集器，实现了微粒捕集系统过滤效率95%、再生效率95%的技术指标；研究筛选出了高效率稀土红外材料，并对红外发生器的结构进行优化设计，使红外能量的分布更加符合过滤体的再生，使壁流式陶瓷再生过程中其温度梯度小，保证过滤体的使用寿命；建立了再生优化控制模型，首次采用过滤体再生温度反馈来动态控制红外再生能量输入、过滤体积碳量、再生废气流量等参数，使再生过程始终处于最佳工作状态，保证系统的工作稳定与寿命。该课题组的研究成果为解决装甲车发动机维修过程中尾气排放污染环境问题，探索出了先进可行的污染防治途径。

四、挥发性大气污染物控制技术

挥发性有机化合物（VOCs）是光化学反应的前体物，有阳光照射时，在合适的条件下 VOCs 与 NO_x 及其他悬浮化学物质发生一系列光化学反应，主要生成臭氧，形成光化学烟雾，从而发生光化学污染。对排放 VOCs 废气的治理，一般情况下有多种工艺技术可以应用，但对于目前国内许多工艺过程产生的大风量、低浓度的 VOCs 废气的控制与治理，却历来是空气净化的难题。传统的净化治理工艺主要存在两个缺陷：一是净化设备运行耗能与高运转费用问题在此条件下较为突出；二是有些工艺存在效率不高和二次污染问题，从而影响了这些工艺的大面积推广和应用。为此，某研究院在 20 世纪 80 年代中期就致力于大风量低浓度有机废气处理技术研究，采用自行研制的蜂窝状活性炭，结合吸附浓缩和催化燃烧的方法，设计了适合于大风量、低浓度有机废气治理的设备——FCJ 型有机废气净化装置。从 1989 年应用以来，该装置的技术特点在同类型装置中得到充分展示，并很快在大风量 VOCs 废气治理中获得了广泛应用。到 2002 年，全国已有近 30 家企业在 VOCs 废气治理中应用了 FCJ 系列设备，共计 40 余套，而且都取得了良好的治理效果。以 FCJ 系列有机废气净化装置为代表的大风量 VOCs 废气治理技术，1994 年获得了国家实用新型专利，经过全面改进的新型 FCJ 系列有机废气净化处理系统在 2003 年又获得国家实用新型专利。

1．VOCs 控制催化剂的研制

挥发性有机物的催化燃烧法是一种环境友好的治理方法，是在催化剂的作用下，在较低的温度（300～350℃）氧化 VOCs。VOCs 净化催化剂的载体主要有两类：一是球状或片状；二是整体式多孔蜂窝状，包括陶瓷蜂窝和金属蜂窝。其中球状或片状载体热容大、阻力大，使用时易收缩或磨损，金属蜂窝载体由于金属与涂层氧化物的热膨胀系数不同造成涂层易脱落，陶瓷蜂窝载体具有较低的热膨胀系数、耐热冲击性能好、气流阻力小、化学性质稳定等优点。但是，由于陶瓷蜂窝载体本身比表面积较小，表面平滑难于固定催化剂活性组分，因此必须寻求一个在较宽的温度范围内物化性质较为稳定，且具有高比表面积的第二载体。第二载体应首先能负载在陶瓷蜂窝载体上扩大比表面积，然后再负载催化剂活性组分。为此，课题组以堇青石蜂窝陶瓷体为第一载体、γ-Al_2O_3为第二载体，制成了含稀土 La 和过渡金属元素的复合氧化物催化剂，在连续流动的反应体系上评价了催化剂对苯、氰氢酸、乙酸和氯苯等 VOCs 的氧化反应活性。结果表明：采用 La、Cu、Mn 组合制备的催化剂，La 的含量在 7%～10%，Cu 的含量在 5.5%左右，Mn 的含量在 7.5%左右时，第二载体γ-Al_2O_3的负载以采用半胶、pH 4～5、加入某些活性剂、负载量以 7%～10%、活化温度为400～500℃时制成的催化剂的活性最好，研制的 VOCs 控制催化剂对各种VOCs 均具有很高的催化活性。

2．蜂窝状活性炭的研制

活性炭具有发达的孔隙结构、优良的吸附性能和很高的使用稳定性，在吸附分离、催化和环境保护领域得到了广泛的应用。除大量采用传统的粒状活性炭和粉状活性炭外，为某种特殊用途需要而研制的新型活性炭也应运而生，蜂窝状活性炭就是其中的一种。在空气净化领域中普遍认为大风量、低浓度有机废气的净化是一个难题，这类废气的特点是排风量大，废气中同时存在几种污染物，而且每种浓度都较低，一般在 $1g/m^3$ 以下，这种情况下采用回收或直接燃烧的方法是不经济的。为了满足开发适合于大风量、低浓度有机废气治理的净化装置的需要，该课题组开展了蜂窝状活性炭的研制，采用活性炭粉，加入少量黏合剂，经混炼挤压成型，并在一定条件下固化制成蜂窝状活性炭。实际应用表明，蜂窝状活性炭吸附性能好、脱附速率快，完全满足工艺使用要求。研制的吸附性能好、气流阻力小的蜂窝状活性炭，应用于大风量有机废气的治理，不仅能满足吸附净化的要求，而且使吸附装置小型化、阻力低，用中、低压风机就能满足排风要求，降低了能耗和噪声污染。蜂窝状活性炭在大风量有机废气治理技术中的应用，为活性炭技术的应用开辟了一条新途径，在环境保护领域将发挥更加重要的作用。

3．FCJ 型有机废气净化装置的研制

课题组根据大风量、低浓度有机废气排放的特点，开展了净化工艺技术研究，采用最新研制的蜂窝状活性炭，结合吸附浓缩和催化燃烧的方法，设计了适合于大风量、低浓度有机废气治理的设备——FCJ 型有机废气净化装置。该装置采用吸附浓缩-催化燃烧的原理，即将浓度较低的有机废气先用蜂窝状活性炭吸附以达到净化空气的目的，当吸附饱和后再用热空气脱附使蜂窝活性炭得到再生，脱附出的有机废气被送往催化床进行催化燃烧，将有机物氧化成无害的二氧化碳和水。燃烧后的热废气又可用于对蜂窝活性炭的脱附再生，以达到废热利用、节能的目的。多年的使用结果表明，FCJ 型有机废气净化装置具有下述特点：一是采用蜂窝状活性炭作吸附剂，吸附性能好，吸附床的床层阻力小，排气风机选用低压规格的就能运行，采用该装置对有机废气的净化效率高，可用于各种排风量的 VOCs 废气治理，尤其适用于大风量条件下的废气治理。二是吸附床采用组装式结构，设备整体体积小，主体设备占地面积也小，且便于运输、安装和更换吸附材料；吸附床吸附饱和后，系统可进行脱附再生。一次脱附启动后，脱附气流中有机物质量浓度可达 1 000～8 000 mg/m^3，催化燃烧后放热量大，可在催化床上维持自燃，不需另加热，催化燃烧净化效率高，无二次污染。三是 FCJ 型有机废气净化装置将大风量、低浓度的有机废气通过活性炭吸附浓缩后转换成小风量、高浓度的有机废气，使其在催化床上保持自持燃烧，并用其燃烧放热对吸附床进行脱附再生，达到了废热利用节省能源的目的，其处理成本比采用传统处理方法低得多。

五、航天发射场推进剂废气污染净化治理技术

四氧化二氮/偏二甲肼双组元液体推进剂是应用最为广泛的推进剂，在贮存、加注和发射过程中会产生废液、废水和废气，污染物若不经处理直接排放，对周围大气、农作物、土壤及地表水会造成严重危害，其分解的中间产物可致突变、致畸和致癌。更严重的是现有液体推进剂贮罐一旦发生泄漏，如不采取有效处置措施，还会导致爆炸，造成人员伤亡、财产损失甚至严重的生态灾难。因此，开展可储存液体推进剂废气治理技术研究和建立积极有效的推进剂泄漏应急处置措施，是解决航天

发射场环境污染问题的关键。

1．推进剂四氧化二氮泄漏处置技术研究

针对目前中国大量使用的液体推进剂在使用过程中可能出现的泄漏带来的发射场大气污染问题，某研究院根据推进剂四氧化二氮的贮存和使用条件，模拟了推进剂贮罐泄漏及其挥发汽化过程，建立了推进剂泄漏量及气体污染源的计算模型，选用高斯烟团模型，计算了污染物气体的浓度时空分布，根据四氧化二氮泄漏后产生的二氧化氮红烟浓度的不同，确定了推进剂泄漏事故致死区、重伤区、反应区、安全区的范围及人员疏散的安全距离，为推进剂泄漏事故处置和应急风险管理提供了依据。课题组根据四氧化二氮泄漏的特点及其物理化学性质，提出了采用高压喷射活性 $Ca(OH)_2$ 粉体吸附剂的方法控制四氧化二氮的泄漏；制备出高活性 $Ca(OH)_2$ 吸附剂，其比表面积可达 114 m^2/g，最大吸附量可达 160 mL/g。采用研制的高活性钙基粉剂装填于设计的容器中形成了系列泄漏处理装置，针对不同规模的四氧化二氮泄漏采用不同的组合处理技术。课题组提出的处理技术及系列处理装置已应用于各试验基地，可以有效控制推进剂四氧化二氮的泄漏，避免泄漏引发的人员伤亡、财产损失和生态灾难，还可应用于化工行业中酸性气体和酸性液体泄漏处置中，为酸性气体和液体泄漏的控制提供了有力的技术保障。

2．推进剂废气处理技术与装置研究

肼类物质是一种性能优良的高能液体燃料，具有高毒、易燃、易爆的特性。如果空气中肼类物质的富集浓度过高，会造成大气污染，危及周围农作物及动物的生存。为此，军队环保技术人员先后开发了水吸收处理法、催化氧化处理法、高空排放处理法、活性炭吸附处理法、燃烧处理法、中和处理法等多种推进剂废气治理技术，对推进剂废气进行了有效治理，解决了常规液体推进剂发射场的大气环境污染难题，为航天发射试验任务的圆满完成提供了可靠的技术保障。

针对推进剂泄漏后会不同程度地存在肼类蒸汽或反应产物挥发污染空气的问题，某研究所开展了水吸收处理法工艺技术研究，研制了能抑制肼类蒸汽扩散、氧化破坏泄漏的肼类的复合洗消剂，并在此基础上，开发了由洗消剂贮存系统、增压系统、喷射系统、运输系统组成的肼类蒸汽洗消装置，实现了发射场肼类气体污染物的有效处置。

针对燃料加注系统及库房产生的四氧化二氮废气，某研究院开展了尿素水溶液法吸收工艺研究，研制了四级串联尿素吸收处理处置系统。废气经过两个串联的洗涤塔与尿素逆向接触吸收，再顺次经过两个装填波纹网填料的洗涤塔，增大废气与尿素液的接触面积，提高了处理效率。该成果在某航天中心多次使用的结果表明，废气处理效率高，性能稳妥可靠。

某环境工程设计研究院与某医学研究所合作，根据催化还原处理氮氧化物的基本原理，针对发射场四氧化氮废气的排放情况，开展了高浓度四氧化氮废气催化还原法研究，制备了碳基碱金属催化剂，利用活性炭作为还原剂实现了四氧化氮废气的有效处理。该方法具有处理效果好、无二次污染、处理废气浓度范围广、处理费用低等优点。

为了提高推进剂废气处理装置的机动性和自控性，某研究院在采用高温燃烧处理推进剂废气废液技术的基础上研制了推进剂废气、废液移动式处理装置。该装置由移动式载体、电器控制、处理工艺单元三大部分组成。移动式载体是在购买的国产汽车底盘上，根据工艺处理需要及配重需要进行改装后形成的，移动式载体不仅仅满足移动的需要，还要保证部分工艺单元和电器控制运行稳定的需要；电器控制首先要满足污染物处理的工艺控制需要，其次为工艺及车辆载体的方舱提供照明需要；工艺处理部分则是整个系统的核心部分，在实验室试验的基础上进行工艺设计。推进剂废气处理装置移动性强、操作可靠、处理效率高，为发射场的环境污染治理提供了可靠的技术保障，先后参加了各种型号的 10 多次发射任务，不仅改善了发射场官兵的作业环境，提高了部队战斗力，还为当地的生态可持续发展做出了积极贡献。

第三节　固体废物处理处置技术研究

固体废物是指在生产、生活和其他活动中产生的丧失原有利用价值或者虽未丧失利用价值但被抛弃或放弃的固态、半固态和置于容器中的气态的物品、物质，以及法律、行政法规规定纳入固体废物管理的物品、物质。除固态、半固态废弃物外，不能排入水体的液态废物和不能排入大气的置于容器的气态废物因其具有较大的危害性，在我国被归入固体废物进行管理。军事区域的固体废物主要包括营区生活垃圾、部队医院医疗垃圾和军事特种固废。近年来，军队环保科技工作者大力加强固体废物处理处置技术研究，在防化危险品销毁、有毒化学品处置、废旧弹药销毁等军事特种废物处置技术方面取得了许多重要的研究成果。

一、生活垃圾处理处置技术

部队在日常工作、生活和训练中产生的大量生活垃圾，是军队固体废物的主要组成部分。位于城镇的营区，官兵、职工和家属产生的生活垃圾通常每日自行收集后送往营区附近的垃圾中转站，再依托地方市政设施进行处理和处置；远离城镇的营区，官兵、职工和家属产生的生活垃圾通常自行收集和处理。营区建立生活垃圾集中存放点，每日收集，然后集中送往山沟和边远的地方堆放，必要时进行掩埋。目前，我军大部分营区的生活垃圾采用自行处理的方式。同时，军队高度重视营区生活垃圾处理技术研究，在舰艇生活垃圾的处理技术方面开展了有重要应用前景的研究工作。

1．舰艇生活垃圾微生物处理技术研究

某军港是中国海军对外开放的港口之一，由于港口没有高技术处理设施，有机生活垃圾难以集中处理。为彻底解决好这一环保难题，海军军港管理部门组织人员进行技术攻关，通过大量试验，筛选了生物菌种，确定了舰艇生活垃圾的微生物处理的技术路线，建成了舰艇生活垃圾的生化处理站。垃圾经微生物分解处理机脱水，然后加入适量菌种，经过10～12 h 的微生物分解处理，垃圾差减量达到 90%，排出的 10%的垃圾可用作栽培花草树木的肥料，从而使有机垃圾的处理达到减量化、无害化和资源化。舰艇生活垃圾座生化处理站能够满足该军港所有靠泊舰艇生活垃圾的生化处理需求，并具备与发达国家军港垃圾处理的接轨能力，为今后外国来访舰艇生活垃圾的处理提供了便利。

2．舰用餐厨垃圾处理装置研究

海军舰艇犹如一座移动的海上城镇，远航训练时将产生大量的餐厨垃圾。这些垃圾有机物含量丰富，水分含量高，极易腐烂变质，散发恶臭，传播细菌和病毒，威胁着广大官兵的身体健康。如果将餐厨垃圾和其他生活垃圾混装，还容易污染其他垃圾，把能回收利用的垃圾变成了脏垃圾，使其失去了利用价值，加大了清洗处理回收利用的成本。为了有效处置舰艇远航时产生的餐厨垃圾，保护海洋环境和官兵的身体健康，海军某部积极开展餐厨垃圾处理技术研究，成功研发了舰用餐厨垃圾处理装置。该装置可放置在厨房的任何角落，餐厨垃圾放进去之后，通过粉碎、脱水和烘干，污水被排进船底污水舱，干货经过微波干燥、消毒灭菌，变成了无色无味的粉末，不需要特殊处理可以存放 3 个月，满足了舰艇远航的需要，并且符合出访别国时的环保要求。

二、军事特种固废处理技术研究

军事特种固废主要包括报废装备、废弹药、废电瓶、废电池、废油纱、废油渣等，大都属于危险废物。危险废物在没有经过有效处理的情况下进入环境，会对大气、水体以及土壤造成严重污染，并对人类的生活质量和身体健康产生众多危害。因此，对这些危险废物不能采取简单的堆放、填埋措施，而应采取一些特殊的措施，使其稳定化后再进行填埋或利用。

1．热等离子体技术销毁防化危险品的应用研究

热等离子体废物处理技术是以气体作载体，采用直流、交流、脉冲等放电电弧发生等离子体，通过高温使废物发生热裂解、热化学反应和热熔融，从而达到处理各类有害废物的一种新技术，具有不产生新的污染，有机毒物可被彻底破坏，金属和渣的分离性好，熔渣玻璃化，处理范围广，控制简单、快速，操作方便，易于实现高度自动化等比传统技术更优越的特点，在发达国家受到了高度重视并取得了较大的进展和应用。为了探讨和评价采用热等离子体技术销毁日本遗弃化学武器和我国现存含砷防化危险品的可行性，某研究院研制了小型热等离子体处理装置，并用该装置完成了日本遗弃化学毒剂二苯氰胂、二苯氯胂和我国废旧控暴剂亚当氏剂的销毁试验。该试验装置主要由高温处理系统、污染物净化处理系统、辅助与监控系统、样品采集与分析系统组成。高温处理系统包括等离子体发生器、等离子体旋转炉、二次燃烧炉，其作用是有害物质投入等离子体炉后，有机物被裂解破坏，无机物尤其是重金属被熔融、冷却玻璃化，裂解气体在二次燃烧炉中高温氧化，实现彻底销毁危险废物的目的。该课题组是我国首次运用热等离子体技术来销毁有

毒的防化危险品，在整套设施研制、试验与评价方法研究等各个方面都进行了大量探索并积累了许多经验。试验表明，毒剂的销毁去除率达到99.999 9%，毒剂得到彻底销毁；玻璃体的砷浸出浓度小于 0.03 mg/L，大大优于国家标准；废气中毒剂、NO_x 和 HCl 达到排放标准，废水治理也达到国家标准。

2．移动式危险化学品销毁处理技术研究

当前，危险化学品销毁工作主要存在以下问题：一是缺乏适合野外作业的专用销毁反应装置。危险化学品的野外化学法销毁作业，过去一般在土坑或水泥池中进行，不符合《废旧防化危险品销毁处理规则》中有关化学法销毁的操作规程。二是危险化学品销毁时，人员接触毒剂的时间长，易导致操作人员疲劳。三是过去销毁毒剂的操作环境为开放式操作，操作人员存在恐惧心理，易产生中毒事故等不安全隐患。四是危险化学品销毁操作人员多、劳动强度大。五是毒剂销毁的技术性较强，步骤程序复杂，需要掌握的知识和需要注意的事项较多，在组织危险化学品销毁过程中需要专家指导才能完成，但少量、零星的危险化学品毒物等防化危险品就地销毁处理工作仍不能完全代替。另外，销毁反应炉进行销毁时，换下来的盛装毒剂的玻璃容器仍需要用传统的销毁方法销毁。因此，研制一种安全、实用、便于野外适用的销毁反应装置是非常必要的。为此，某研究院的科技人员开展了移动式危险化学品销毁处理技术与装置的课题研究工作。课题组利用高温焚烧和尾气净化技术焚烧处理废旧防化危险品中的有毒化学品，使其在高温下氧化、热解、吸收和中和，达到有毒化学品的减量化、无害化目的，从而实现对防化危险品的销毁，成功研制了由危险化学品反应釜、消毒液调配罐、危险化学品尾气处理装置、液体输送系统、自动化控制系统等组成的移动式废旧危险化学品销毁处理装置。研究结果表明，该处理装置是一种安全可靠、操作简便，适合野外适用的危险化学品销毁反应装置，适用于各种训练用毒剂、刺激剂、含刺激剂的控暴弹药装药等危险化学品的有效处置，具有危险化学品瓶自动投放与破碎功能及密闭排气、干燥、滤毒功能，设有超压、超温自动报警装置，以及安全阀、单向阀，尾气的处理装置和远距离操作控制装置，能够远距离操作控制设计；销毁装置均安装在车上，机动性能强，解决了移动式销毁条件控制、体积和重量限制条件下的进料、尾气净化、配载平衡等问题。

3．固体氰化物的销毁技术研究

由于氰化物在酸性条件下极易水解成氢氰酸，容易危害周围环境，因此我国将氰化物列为剧毒品进行管控，是治安防范活动中重点搜索的物种。废旧氰化物若销毁处置不当，极易构成二次污染。由于废水中氰化物的含量较低，处理废水中氰化物的方法不适合大量固体氰化物的销毁，因此严重阻碍了废旧氰化物的处理和整治。为此，军队环保技术人员开展了固体氰化物的销毁技术研究。该课题组研制了非吸附型高效稳态二氧化氯固体消毒剂，开发了利用非吸附型高效稳态二氧化氯固体消毒剂销毁氰化物的技术，从研究影响二氧化氯销毁氰化钠的各种因素着手，建立了销毁氰化物的通用条件，确定了最佳销毁条件和最佳消毒剂投料比：水中氰化钠的最高使用质量浓度低于 0.5g/L 时，销毁后的氰离子质量浓度小于 0.5 mg/L 的一级环境排放标准，这对大规模集中销毁氰化物具有现实的指导意义。该消毒剂消毒效果好，用量少，操作程序简单，耗水少，不产生沉淀，没有残渣，使用后不构成二次污染；反应产物无毒、无污染，完全达到了国家制定的环境排放标准。

4．磨料水射流危险弹药切割技术研究

某军区报废弹药销毁站担负着华北地区所有部队报废弹药的销毁任务，原先是人工销毁报废弹药，既危害人身安全又污染周围环境。该站经过多年的技术攻关，成功研制出磨料水射流危险弹药切割系统。课题组采用大吨位冲压机，对报废弹药直接冲压毁形，每年处理废旧弹药超 10 t；产生的废气应用最新的爆炸力学技术，制造专用节能环保型封闭式弹药烧毁炉，把爆炸烟尘排放量降到了原来的 1/5，能耗降低了 40%；设计制作了一个双层密闭、中间隔热的蒸箱，实现了弹体内炸药倒空时废气的零排放，同时，把蒸汽锅炉的使用效率提高了 30%；针对弹药烧毁时产生的爆炸烟尘压力大、温度高、难以收集与净化问题，研制出一套空气幕负压回收装置，专门用于处理爆炸烟尘，成功地解决了烟尘回收问题；通过对销毁弹药时所产生的废水进行分析，确定废水中各种物理化学特性，根据化验结果，首创用“二级吸附分离，废水循环利用”技术，实现了处理后的梯恩梯废水达到国家规定的排放标准。磨料水射流危险弹药切割技术采用冷处理技术进行作业，彻底改变了军队危险弹药的销毁方式，消除了烟尘和危险，具有明显的环保和安全效益。该项目获得了军队科技进步一等奖，并已推广到全军使用。

5．退役核潜艇处理处置技术研究

核潜艇从下水入列到退役处置，每一步都充满风险与挑战。如何安全、彻底地处置退役核潜艇，不仅是横亘在中国军队面前的一道难题，更是全世界所有使用核动力舰船国家的一道难题。目前世界上流行着多种退役核潜艇处理办法，比如海上处理法，荒港停泊法、荒漠处置法等。这些简易处理法易给环境造成污染、给世界留下安全隐患。作为一个负责任的大国，我军对核潜艇的退役处置高度重视，很早就组织相关领域的专家学者开展了核废料、核废物、核废水处理处置技术的论证和预先研究，掌握了一整套安全、彻底的核潜艇退役处置方法，探索出了一条具有中国特色的核潜艇“退役之路”。针对核潜艇的“心脏”——核反应堆仓的处置，科研人员会同工业部门独辟蹊径，采用多重防护技术，成功完成了强放射环境下燃料组件的卸出、封装，各种放射性部件的切割、拆除，以及退役环境的去污、终态处理，先后取得了 12 项具有自主知识产权的科研成果。这些成果在海军第一艘核潜艇退出现役时的处理工程中得到推广和应用，完成了核废料、核反应装置及相关设备的安全、彻底、稳妥处理，标志着我国核潜艇从研制生产、使用管理到退役处置形成了全寿命保障的能力。这是中国对人类社会的一大贡献，充分体现了中国对环境、对社会、对未来的高度负责精神。

6．高水平放射性废物地质处置混合型屏障材料研究

高水平放射性废物（简称高放废物）是一种放射性强、毒性大、半衰期长且发热的特殊废物。高放废物的安全处置是科学、技术和工程界面临的挑战性问题，对于确保我国核事业可持续发展和环境保护具有重大意义。目前深部地质处置是普遍接受的高放废物安全处置的主要技术，但在选址和场址评价、工程屏障材料、工程设计、性能评价、安全评价等方面还面临一系列挑战。为了解决高放废物地质处置中工程屏蔽材料方面存在的问题，军队科技人员开展了高水平放射性废物地质处置混合型屏障材料的课题研究工作。

该课题组围绕核废料、退役/老化核武器与放射性污染物等核废料安全处置中工程屏障材料研究的需要，通过试验研究不同掺砂率和干密度

的混合型缓冲回填材料的土水特征曲线、三向膨胀力、固结变形和渗气性能等水力性质，测试了不同掺砂率混合物的液塑限，并辅以电镜扫描等先进手段分析了混合材料随掺砂率、干密度性能变化的机理，初步确定混合物的掺砂率在 30%左右、干密度在 1.6g/cm^3 左右能够满足核废料地质暂存/处置库工程屏障材料的性能要求；在初步确定的掺砂率和干密度范围内，根据试验性能结果，进一步研究混合型缓冲回填材料在优化配比下的安全性能和工程性能，主要通过渗透试验、混合物放射性锶离子和铯离子的吸附试验和三轴试验等，研究在优化配比下混合物的渗透特性、核素吸附性能和强度变形等关键工程特性；在理论上，建立了非饱和膨润土-砂混合型缓冲回填材料的热-水-力多场耦合模型。课题组以试验和混合物理论为基础，以增量形式给出控制方程，充分反映了热膨胀、热渗流、水的相变、气体溶解及土骨架变形等多种现象的耦合过程，编制了相应的耦合计算程序，可对非饱和膨润土-砂混合型缓冲回填材料在地质库中的热-水-力多场耦合特性进行分析。该课题组提出的混合型缓冲回填材料的防渗性能、膨胀自愈性能、吸附性能和强度变形等性能均能够满足工程屏障材料安全性能和工程性能的要求，从而为核废料地质暂存/处置库的缓冲回填材料设计提供了科学依据。

第四节　声环境污染控制技术研究

军事设施如军用机场、训练场、武器试验场、大型风洞、发射场等建设项目在施工建设及其运行期间不可避免地会产生一定的噪声。噪声污染对人、动物、仪器仪表以及建筑物均构成危害，其危害程度主要取决于噪声的频率、强度及暴露时间。噪声对人们的正常生活和工作造成干扰，损伤人们的听力，且能诱发多种疾病等。噪声污染防治对策有两种：一是阻断噪声的传播途径，采取吸声、消声、隔声、隔振、阻尼等声学处理措施加以阻断。二是加强个人防护及健康监护，在较强噪声环境工作的人员都必须佩戴舒适方便的耳塞、耳罩等个人防护用品。为了有效防治噪声对环境的影响，保护官兵的身体健康，军队环保科技工作者大力开展了声污染控制技术研究，特别是在机场噪声污染控制方面开展了许多卓有成效的工作，并取得了有价值的科技成果。

一、机场内部飞机噪声污染防治技术研究

喷气发动机飞机噪声辐射功率高，起飞和着陆时的噪声最大，又是近地飞行，给机场环境带来严重危害，尤其在起飞时，在距尾喷口为尾喷口直径 4～5 倍处，由于压力大、气流速度高（超过 340 m/s)、噪声频率主要在高频范围，其声级往往可高达 140dB 以上，严重影响机场内部官兵的身体健康。为此，军队环保技术人员在对某军用机场噪声实测的基础上，开展了机场内部噪声防治技术措施研究。

课题组详细调查了某机场的飞机机型、起降频率、飞行航线等情况，结合总平面布置，按照相关监测规范，开展了机场噪声现状监测，获得了机场飞机噪声预测等值线图，按照机场内部飞机噪声污染防治应确保飞行安全和正常工作、保障官兵休息和身体健康的基本要求，研究提出了使传播到机场各个建筑物的飞机噪声强度不超出规定限值的技术措施：一是合理布局。在进行机场总体设计时，应根据机场发展终端飞机噪声预测等值线图，尽量把各个建筑物设置在符合声环境要求的地方，尽量把各个建筑物设置在离开站坪、滑行道、跑道及跑道延长线足够远的地方，使传到建筑物上的飞机噪声不超出规定的限值；尽量把仓库、车库等对噪声不敏感的建筑物设置在临近飞行区的前排，而办公楼、宿舍等对噪声敏感的建筑物设置在后排，以便将对噪声不敏感的建筑物用作屏障，减少飞机噪声对办公楼和宿舍等的影响。二是做好建筑物的隔声处理。航管楼等必须设置在距站坪或跑道较近的建筑物，窗户玻璃采用两层或三层不同厚度的玻璃，玻璃之间应不平行，在玻璃边缘应紧镶弹性垫料，门窗可采用多层结构并充填多孔性吸声材料，门扇与门框之间的缝隙宜做成斜口或阶梯形口，并镶以橡皮条等弹性材料，从而使传入室内的噪声不超出规定的限值。三是加强飞行管理。飞机起落航线避开噪声敏感区；在站坪上停放的飞机应离开候机楼等建筑物一段距离，出港飞机宜牵引至距候机楼等建筑物较远处，并使发动机喷口避开建筑物，然后开车；飞机试车应避开航管楼等建筑物。四是植树造林，在不影响机场净空的前提下，在宿舍等临近飞行区的一侧植树造林。该课题研究成果对于其他机场在建设规划过程中制定飞机噪声污染防治措施有重要的指导和借鉴作用。

二、机场噪声影响评价技术与方法研究

随着经济的迅速发展和人民生活水平的不断提高，航空事业也赢来了全新的发展时期，世界各地军用和民用机场建设如火如荼，由此而带来的机场飞机噪声问题也日益突出。军用机场建设与使用引起的噪声污染直接或间接地对周围的声环境产生较大影响，是机场规划建设和管理不可忽视的问题。正确评价机场噪声对环境的影响，对解决机场与周围环境的协调发展、制定机场周围的声环境保护措施、提高人们的生活质量都具有十分重要的意义。为此，军队环保技术人员根据机场环境保护的需要，大力开展了机场噪声影响评价技术与方法研究，并取得了许多创新性的研究成果。

1. 机场内部飞机噪声影响评价与防治方法研究

飞机噪声污染对场区内部各类工作人员的影响尚未引起关注。机场场区建筑物和人员活动区距离跑道很近，噪声强度大大超过周围的噪声。对于军用机场而言，机场内部强烈的飞机噪声会使航空兵部队的战斗力下降。因此，研究和解决机场内部噪声问题已刻不容缓。该课题组在分析机场内部飞机噪声特点的基础上展开了机场内部飞机噪声污染模拟方法的研究，提出了一种基于双指标的机场内部飞机噪声评价方法，并在此基础上，结合噪声等值线图，提出机场内部飞机噪声防治的方法；结合某军用机场，具体分析了机场内部飞机噪声现状影响的评价方法和机场飞机噪声的防治方法与步骤。该研究成果对于机场的规划设计和管理具有重要的指导作用。

2. 军用机场飞机噪声主观烦恼度研究

噪声对人的影响不仅与声波的物理性质如声级的大小、声音的频率等有关，还与受众的心理状况等多种因素有关。由于飞机噪声是由突发性短暂的多重单个噪声事件组成，而不是持续的高噪声，因此除了长期接受高分贝噪声的飞机机务人员外，一般不会影响人的听力。对大部分的个体而言，噪声产生的最重要的反应不是对听力、对健康的危害，而是厌烦，长期的厌烦易引起机体自我防御机制的强烈干预，在不同个体表现为不同的心理、精神改变，即出现非精神性障碍。因此，评价机场内部人员对飞机噪声的各种反应中，起决定作用的是人的烦恼程度，而

不是干扰。因此，以噪声的主观烦恼度来评判噪声影响的程度，具有相当重要的意义。只有有效地从噪声源本身以及受声者这两个方面同时采取措施来降低公众的噪声主观烦恼度反应，才可以对噪声实行有效的控制。为此，某军队院校开展了“军用机场飞机噪声主观烦恼度研究”，采用问卷调查的方法，参照国内外噪声烦恼研究的有关文献，拟定了机场内部飞机噪声影响调查表，通过调研数据分析了飞机噪声对机场内部人员的影响情况和噪声污染对人的影响、危害，分析并总结了机场飞机噪声引起的烦恼程度较其他噪声更为严重的原因，这对于有效制定噪声控制措施提供了重要的理论支撑作用。

3．飞机噪声计算通用模型研究

为确保机场与周边环境的和谐发展，科学地预测新建或改扩建机场飞机噪声的影响范围与强度就显得非常重要。国内外的许多学者对此展开了深入的研究，探寻飞机噪声的产生机理和传播规律，以期望找到行之有效的噪声预测方法。这些研究大都集中于飞机噪声的基础理论和预测评价量的计算和修正方面，尚未建立一整套完善的可直接用于实际工程的噪声计算体系。为完善和规范现行的飞机噪声计算方法，该课题组根据飞行航线的几何特点，基于“直线段”和“曲线段”这两个基本的航线元素提出了航线分解的思想，把航线看作一系列飞行状态相对稳定的直线和曲线片段的排列组合，飞机沿航线单次飞行时预测点的噪声就等于飞机沿各个航线片段飞行时在预测点产生的噪声之和；建立了直线和曲线航段的飞机噪声计算通用模型，并实例验证了该模型的可行性和实用性。该模型解决了实际噪声环境影响评价工作中的相关技术问题，规范了噪声计算方法，使整个评价工作更直观、更智能、更科学。

三、噪声监测数据自动采集处理微机系统研制

某军区环境监测站根据当时环境噪声测量方法标准所规定的环境噪声数据记录与处理方法存在的困难，采取先进的微机技术，研制了一种HJS-1噪声级记录处理计用以完成监测数据的自动采集和处理。该记录处理系统将一般声级计作为一次检测仪表继续使用，进行数据的采集，然后用微机专用机作为二次仪表配合使用，实现数据的自动记录、储存、计算和打印。这既利用了面临淘汰的设备，又能满足当时新标准的要求，

并大大提高了原有噪声监测仪器的技术性能，使其具有智能化仪表的功能，实现噪声监测仪器的更新换代。1994 年，该课题组研制的 HJS-1 噪声级记录处理计获得军队科技进步三等奖，并获得国家实用新型专利。

四、试车发动机噪声控制技术研究

飞机发动机试车噪声，是发动机进行检修试车时产生的，具有高强度［140～160 dB（A）］、大气流量（50 m^3/s 以上）、高速、宽频带（31.5～8 000 Hz）的特点。噪声强度大，不规律，严重影响人员身心健康。为有效治理飞机发动机试车噪声，从 20 世纪 80 年代初期，空军相关单位组织大批专家进行系统研究，提出了全面更新隔声降噪设施，采用矩形阵列式消声装置增加吸声面积，加装排气塔内底层消音装置，对排气塔与引射筒墙壁伸缩缝进行防噪声密封处理，以及试车台四周建设生态隔声屏障等技术措施，通过对多个有飞机发动机修理厂的试车台进行噪声综合治理，均取得满意效果。如北京某空军研究所的飞机发动机试车台，治理前噪声影响区域达到了 12.5 km^2，发动机喷口处噪声值为 149 dB（A），通过技术治理，排气塔出口处噪声值为 74 dB（A）、距试车台 30 m 处噪声值为 54 dB（A），从而避免了对工作人员身体健康的不良影响。

坦克等装备维修过程中发动机试车过程不可避免会产生发动机噪声，不仅严重影响声环境质量，而且致使许多指战员患失聪、耳鸣等疾病。为此，某研究所结合某装甲部队装备维修过程的污染控制工程，采用分级降噪技术，彻底解决了坦克发动机噪声污染问题。该课题组通过测试发动机试车过程产生的等效 A 声级，研究了其衰减规律，先后采用“声波干涉”“减压消声”等多级降噪方式，实现了每级的降噪衰减量均在 10 dB 以上，经过几级降噪后，发动机运转产生的噪声降低到 75 dB 以下，达到了国家劳动卫生和环境排放标准。

第五节 日本遗弃在华化学武器处理技术研究

《禁止化学武器公约》是国际社会多年艰苦努力的成果，是人类历史上第一个全面禁止、彻底销毁一整类大规模杀伤性武器并具有严格核查机制的国际军控条约，是实现人类和平的一个重要里程碑。1997年4月29日，公约的正式生效标志着国际军控与裁军工作步入了一个崭新阶段，国际社会全面禁止和销毁化学武器的工作从此有法可依、有章可循。同时，公约的生效为维护世界和平、促进地区安全与繁荣稳定发挥重要的积极的作用。履行公约，是我国政府做出的庄严承诺，也是党和国家在新时期赋予军队的一项十分重要的军控任务。处理日本遗弃化武工作是我军化武履约工作的主要内容，是维护国家民族利益和民族尊严的一项责无旁贷的历史使命，主要包括日本遗弃化武的调查、挖掘、鉴别、包装、运输及管理工作，督协日方进行现场调查作业和销毁处置日本遗弃化武，参与中日双边的相关磋商，并承担选择日本遗弃化武销毁设施厂址、销毁技术、制定相关环保标准等大量的技术研究工作。

2003年8月，我国黑龙江省发生的日本遗弃化学武器——芥子气致人死亡事件，再一次提醒世人：日本遗弃在华化学武器给中国人民带来了巨大的灾难。日本在侵华战争期间使用化学武器多达2 000余次，造成近20万中国军民中毒伤亡。侵华战争失败后，又将大量化学武器遗弃在中国10多个省市的几十个地区，严重危害着当地人民的健康、安全和生态环境。目前已在我国黑龙江、吉林、辽宁、内蒙古、河北、山西、江苏、安徽、浙江、江西等省、自治区的几十个地区发现了大量的日本遗弃化学武器。经过我国政府及有关方面的多年努力，日本政府已承认了在中国遗弃大量化学武器的事实。1997年7月30日，中、日两国政府签署了《关于销毁中国境内日本遗弃化学武器的备忘录》。日本政府承诺将根据公约的规定，履行销毁这些遗弃化学武器的义务，并承诺“最优先确保不对中华人民共和国领土的生态环境造成污染及人员安全”。在此基础上，我国政府同意在中国境内进行销毁。

为了推进日本遗弃化学武器的处理进程，中、日两国政府经多轮磋商，于1999年7月30日签署了《关于销毁中国境内日本遗弃化学武器的备忘录》。日方在《关于销毁中国境内日本遗弃化学武器的备忘录》中承认在中国遗弃了大量化学武器，承诺要履行《禁止化学武器公约》的销毁义务，并在销毁作业时遵守中国的法律和环境标准。2006年，国家环境保护总局正式颁布了《中华人民共和国销毁日本遗弃在华化学武器环境保护标准》，包括环境质量标准、污染物控制标准、分析方法标准、环境保护基础标准等共计 60 余项。

中国政府高度重视日本遗弃在华化学武器问题，敦促日本政府承担其遗弃化学武器销毁义务，提供遗弃资料，加快处理进程，消除遗弃化学武器的危害与隐患，确保我国人民安全与生态环境的安全。日本遗弃在我国境内的化学武器处理数量大、分布广，而且毒剂品种多。这些遗弃化学武器经过半个多世纪的风风雨雨，大多严重锈蚀和泄漏毒剂，这给遗弃化学武器的销毁工作带来了困难。为了尽可能地防止和减少污染、保护环境，必须对遗弃化学武器销毁处理的全过程进行严格的环境管理。中国的环境专家、军队的军事专家和军内环境工作者共同参与了“销毁日本遗弃在华化学武器”谈判、选址论证、相关环境标准的制定、销毁技术的论证及销毁的全过程，为日本遗弃在华化学武器的顺利销毁而不懈努力。

处理日本遗弃化武工作是一项复杂的系统工程，涉及的领域多、专业多、技术多，涵盖面广。因此，处理日本遗弃化武的各项技术攻关便是摆在军队相关院校和科研院所的一项重要任务。技术人员在反复研究论证的基础上，针对任务的具体情况，充分发挥军队人才优势，组成专家咨询组和相应的课题组，对处理日本遗弃化武的保障技术进行系统研究，通过几年的刻苦攻关，在日本遗弃化武处置技术方面取得了显著成绩。一是在日本遗弃化武的回收方面。不仅对日本遗弃在我国领土上的化学武器数量进行了调查，而且对挖掘回收的技术保障体系进行了研究。特别是运用这些技术对数万方枚（件）日本遗弃化武进行挖掘回收，没有发生任何问题。二是在销毁设施厂址的选择方面。创建了针对销毁日本遗弃化武特殊厂址选择的理论方法，建立了特殊厂址的选择的模式，研究出了一套科学规范的评价系统，为销毁设施厂址的选择奠定了坚实的基础。三是在销毁技术研究方面。在对国外销毁技术系统研究的基础上，研究出了一套适合销毁日本遗弃化武的评价系统，提出了针对销毁日本遗弃化武可选择的技术。四是在其他专项任务方面。技术研究与攻关也取得了显著的成绩，如风险评估，不仅创建了理论体系，建立了评估模式，还研究出了有针对性的评估系统。这些研究成果有力地推动了处理日本遗弃化武工作的开展，维护了国家和民族的利益。

一、紧急处置挖掘清理技术研究

日本遗弃化学武器紧急处置过程包括对遗弃化学武器的探测、挖掘、鉴别分类、包装、防护洗消、环境监测等环节。挖掘技术是紧急处置中不可缺少的重要组成部分。根据上级指示精神，防化研究院组织了有关技术力量开展了日本遗弃化学武器紧急处置中挖掘清理技术的研究，探索建立了一套较为成熟的挖掘清理模式。应用所研究的技术对新发现点的日本遗弃化学武器及其污染物进行紧急处置，为消除隐患，确保当地人民生命安全和环境不再受影响，为及早恢复当地生产做出了贡献。

该技术建立了挖掘清理现场的设置方法，明确了作业场地设置的组成和挖掘作业点的设置模式，按照“探测定位，一端开启，逐层逐段，挖探结合，测包结合，逐步推进”的原则，建立了安全的挖掘方法和挖掘清理程序，提出了初始位置挖掘和污染物包装的技术方法。课题研究成果在 1998 年南京黄胡子山、黑龙江省尚志市日本遗弃化学武器的紧急处置中得到了应用。在南京黄胡子山紧急处置中挖掘清理日本遗弃化学武器 15 种，共计 6 000 余枚，其中绝大部分是毒烟筒，少量的 90 mm 化学迫击炮弹、50 mm 迫击炮弹和若干 75 mm 发射筒。作业平台挖土 400 m^3，包装污染土壤 1 000 余袋（桶），约 30 t，形成了长 20 m、宽 3 m 多的埋弹坑。在黑龙江省尚志市日本遗弃化学武器紧急处置中挖掘清理日本遗弃化学炮弹数十发。实践证明，紧急处置现场设置科学合理；所用的防护棚和过滤装置有效，起到了防护的效果；所研究的挖掘清理技术可行，方法得当，安全无事故；为后来的遗弃化学武器的紧急处置提供了技术支持，建立了较为成熟的模式。

二、销毁技术研究

销毁日本遗弃在华化学武器是一项非常复杂的系统工程，这不仅仅是因为从政治和法律上它牵涉中、日两个国家和国际公约的履行，更主要的是从技术上讲，日本遗弃化武种类繁多、状态复杂且锈蚀严重，尚无销毁遗弃化武的现成技术可利用。自 2000 年以来，军内外相关专家对世界上现有的各类销毁技术进行了广泛的调研，从中选出了最有希望的用于日本遗弃化武销毁的单元技术，并仔细分析了各单元技术的特点，提出了冷冻破碎-旋转窑焚烧、控制引爆-等离子熔融和水切割-碱性水解-催化氧化三套初选技术方案，围绕每种方案涉及的各类与安全和环境有关的各种不确定因素确立了 30 多项针对性实验，发现三套候选技术方案都或多或少地存在一些问题，主要是中和氧化法销毁 DA、DC 和黄剂黏稠物方面的彻底性问题，混合燃烧时的安全性问题，以及中和时炸药与碱易生成更不稳定性化合物时的安全性问题等。针对这些问题，又分别在原单项技术的基础上提出了新的组合方案。后经认真磋商，并用层次分析法对双方专家先后形成的六套技术方案进行打分，最后一致认为，对黄弹采用热引爆法进行前处理去除炸药，毒剂大部分被燃烧后再进行分别燃烧；对红弹采取水射流切割并去除炸药，而后炸药用流化床燃烧，去除炸药的弹体用圆锯切割后再进一步燃烧的销毁办法。这套方案的最大特点就是根据不同的处理对象采取了不同的销毁技术，且不同的技术还具有一定的互补性。这套方案确定后，其他要销毁的对象如非定形弹、散装毒剂、毒气筒、污染土壤等，都可参照定形弹的销毁技术选择办法来选择销毁技术。

三、固化技术研究

固化技术是处理重金属废物和其他有害废物的重要手段，分为水泥固化、硫黄固化、沥青固化、塑料固化、玻璃固化和石灰固化等。日本遗弃在华化武销毁过程中产生的含砷固体废物属于特殊的有害废弃物，其污染及治理问题受到广泛关注，为了消除砷对环境的污染，必须对含砷废物进行无害化处理。为此，某研究院的环保专家开展日遗化武含砷固废的固化技术研究，通过对硫黄固化和水泥固化的验证试验和比较测得的技术数据，研究了硫黄固化技术在日遗化武固废处理中的应用及存在的问题，并做出初步评价。

硫黄固化可以采用单一固化和双重固化两种原理和方法。单一固化是加热至 150℃使硫黄熔成液态，按照一定的配比加入固体废物中，搅拌混炼 15～20 min，混合均匀，液态硫黄渗入固态废物的孔隙中，经过水冷或逐渐冷却可制成所需形状的固化体。双重固化则需添加活性氧化镁，进行化学吸附，再添加助剂和硫黄熔炼。硫黄在常温下是稳定的斜方硫，其结构单元是皇冠构型环 S8 分子，不溶于水，形成的固化体可包裹废物中的有毒物质。

该研究完成了硫黄固化技术的工艺条件试验、最佳配比的正交试验、固化体的浸出毒性试验等项研究。结果表明，固化体在抗浸出性、抗渗透性、抗干湿性、抗冻凝性、抗候性及足够的机械强度等技术指标方面都有良好的表现。

四、热等离子销毁技术研究

日本遗弃在华化学武器中带有红色标识带的炮弹或毒烟筒称为红弹或红筒，其弹药有毒成分是二苯氰胂和二苯氯胂。含砷毒剂的终极销毁是一个十分棘手的问题。一般的销毁方法如焚烧法、化学中和法、氧化法等，只能使含砷毒剂降解为三氧化二砷，所以这些销毁方法产生的“三废”依然有毒，还要做进一步处理，即便是残渣也要按照有毒固体废物做深埋处理。从理论上讲，销毁含砷毒剂的最佳方法是回收元素砷，但目前尚无成熟的技术可资利用。一些发达国家处理核废料、含砷和其他重金属固体废物多采用热等离子技术。热等离子技术具有两个显著特点：一是极高的区域温度。等离子炉内温度可达 1 600～3 000℃，在这样高的温度下，有毒有害的有机物如化学毒剂、二噁英、PCB 等可彻底分解，金属和无机物也会被熔融。二是熔渣玻璃体化。选择适当的底料或进料配比，可使熔渣玻璃体化，从而将对人体和环境有害的物质如砷、重金属、放射性物质等固化在不可滤沥的玻璃体中，可直接用于建筑材料，或作为一般固体废物处理。

为了给日本遗弃化武的销毁处置提供有力的技术支持，某研究院系统开展了热等离子技术销毁含砷毒剂的课题研究，建成了热等离子体处理实验装置，优化了销毁处理工艺参数，研究建立了主要性能的评价方法，并对日本遗弃化武红弹装填物进行了实毒销毁试验研究，结果表明日本遗弃化武红弹装填物经等离子体炉、二次焚烧炉处理后销毁效率高达 99.999%。

该课题组建成的热等离子体处理实验装置主要由高温处理系统、后处理系统及辅助系统等子系统组成。高温处理系统主要包括等离子体发生器、等离子体旋转炉及二次燃烧炉；后处理系统包括二级冷却器、文丘里喷淋塔、酸洗塔、碱洗塔、除雾器和引风机等装置；辅助系统包括水、电、气供应系统，监控系统，采样系统，以及数据测试采集系统。等离子体处理系统运行时，由等离子体发生器产生的电弧加热旋转炉内的玻璃体配料，旋转炉内温度达到一定值时，启动二次燃烧炉。当达到处理条件时，向旋转炉内投入含砷处理物，处理物在无氧、高温条件下热解成炭黑、砷及小分子结构的物质。一部分固态物固化在玻璃体配方熔融物内，冷却后形成不可滤沥的玻璃体。气体和部分固态物体颗粒物继续进入二次燃烧炉有氧燃烧，生成含水蒸气、二氧化碳、氧化砷等化合物的高温气体，经由二级冷却器急冷，以防止二噁英的生成，大部分水蒸气冷凝成液态水，其余尾气由文丘里管喷淋，大部分颗粒物及可溶气体进入液相，剩余的废气由洗涤塔洗涤至达标，除雾后排出系统；喷淋形成的废液由反应池反应、沉淀，过滤后制成含砷酸盐的废渣。这些废渣作为等离子体炉底料再返烧，将砷固化在玻璃体中，以达到完全处理的效果。

五、气象保障信息技术研究

日本遗弃化武挖掘回收过程一旦突发事故，毒剂云团的传播扩散直接受当时气象条件的影响，正确预知其危害方向及范围有助于最大限度地降低事故损失，掌握气象实况即可提供决策依据。不仅如此，挖掘回收作业是一项涉及多种技术保障的系统工程，各种技术保障本身也与气象条件密切相关。可见，科学高效的气象保障有助于对气象条件作用的趋利避害，为指挥决策服务，从而确保日本遗弃化武挖掘回收作业的安全顺利实施。由于日本遗弃化武所具有的危险性，毒剂云团的传播扩散受现场气象条件的影响，实况观测的结果直接为应急救援方案的确定提供决策依据。为此，某指挥工程学院的技术人员经过科技攻关，研制了气象信息与危害评估信息的显示软件，使气象观测与风险评估系统有机结合。运用该软件，及时输入最新观测的气象数据，再输入其他相关数据，就能随时得到最新的风险评估结果，并将气象实况及该气象条件下的危害评估结果实时显示在指挥部的大屏幕上。此外，将气象观测与应急救援相结合，同时显示该气象条件下的人员紧急疏散方向。这样一来，指挥部始终掌握先机，一旦突发意外事故，可以迅速确定应急救援方案，并实施救援，从而将事故损失降到最低。该系统在北安销毁作业和应急救援演练中得到推广和应用，展示了广阔的应用前景，将进一步提高处置作业时的气象保障能力。

第七章　军事环境事件应急技术研究

突发环境事件是指不可预见、突然暴发的，由于人为活动或不可抗力的自然灾害等原因引起对环境的污染和破坏，并对人民生命、健康、财产和社会安定造成严重威胁的，必须立即处理的重大事件。根据发生原因，可将突发环境事件分为自然性突发环境事件和人为性突发环境事件。自然性突发环境事件是由不可抗力的自然原因造成的生态环境失衡所引起的事件，人为性突发环境事件是由人为疏忽或故意破坏对环境造成严重污染所引起的事件。军事环境事件是指与军事相关的、突发性的、严重影响人民群众生命安全和国家财产的恶性环境污染事故。它不同于一般的环境污染，没有固定的排放方式和排放途径，并带有突发性，在瞬时或短时间内排放大量的污染物，难以控制，防不胜防，会对环境造成严重污染和破坏，其主要形式有军事冲突及战争引发的环境灾难，战争遗留危险物引发的潜在的环境隐患，恐怖活动引发的新一轮的环境危机，以及其他形式引发的突发性环境问题。军事活动引起的突发性环境事件是威胁官兵健康，制约军事活动发展态势的重要因素。能否在突发性环境污染事件发生的最短时间内快速响应，对污染事故现场进行及时有效的处置，建立行之有效的应急管理体系，是保障官兵生命安全、有效推动军事活动进程的一项重大课题。大力开展军事环境应急技术和管理决策方法研究，对突发性环境污染事故发生后军事活动区域中污染物的种类、数量、危害及影响范围做出快速判断，运用现代科学决策分析方法和辅助决策系统评估军事活动造成的污染危害和生态破坏程度、污染变化趋势、社会影响、经济损失，对于指挥部门制定科学合理的应急保障和战后重建方案至关重要。因此，加强军事环境事件应急技术与管理体系的研究，能够为军事活动突发性环境污染事件的快速监测和及时处理提供有力的理论、技术和装备支持，直接为提高部队生存力、战斗力服务，这对于提高我军“打赢”能力具有重要的现实意义。为此，军队环保科技工作者针对军事环境事件的特点和危害，积极开展了环境事件应急处理技术研究，并在突发环境污染应急处置技术与装备、核生化防护应急技术与装备、应急供水技术与装备研究等方面取得了许多重要的研究成果。

第一节　突发环境污染应急处置技术研究

突发性环境污染事故发生后，若不有效处置将带来严重的环境灾难，影响人类的生存。近年来，我国对环境保护及其治理从政策到相关技术的发展已日趋完善，而突发性灾害的应急处理也日益受到高度的重视，相关政策法规及技术研究相继启动，但应急环境污染处置与长期的环境治理单从技术的角度来讲是有很大区别的，在事件处置时的人员防护及对污染源的现场处置与后果的专业处理以避免对环境造成的直接及次生污染应将前者提高到至关重要的位置。为此，军队环保工作者以提高应对突发性环境污染事故的技术与保障能力为目的，针对突发性环境污染事故评估与处理处置技术研究，为处理突发性环境污染事故和应急保障提供理论依据和技术、装备支持，提高了军队应对突发环境污染的能力。

一、大型场馆内部污染空气净化系统与技术研究

如果恐怖分子在体育场馆、商场实施破坏活动引起突发环境污染事件，若不对污染空气进行及时有效的净化，将导致大量的人员伤亡以及污染空气的二次扩散。因此，研制可做出快速反应的机动空气净化装备，能够及时到达发生恐怖事件的大型场馆，并对其内部污染空气进行有效净化，以确保上述场所内人员事发后的生命安全并防止污染物的扩散。为此，某研究院开展了大型场馆内部污染空气净化技术研究，开发了能够用于大型场馆内部污染空气应急处置的净化系统。该系统由动力牵引车、空气净化系统、对接系统等组成。其中，空气净化系统主要由预滤器、过滤吸收器（由精滤器单元、生物灭活单元及滤毒器单元组成）、

专用风机、流量测控装置、控制中心及快速接头等组成。空气净化系统用于净化场馆内部染毒空气，并在场馆内部造成一定的负压，其中，预滤器主要用于过滤空气中的灰尘、飞絮等较大的颗粒物，以延长过滤吸收器的寿命；过滤吸收器中的精滤器单元主要用于过滤呈气溶胶状的毒烟、毒雾、放射性落下灰；生物灭活单元主要用于杀灭截留在精滤器单元上的微生物细菌，防止细菌大量繁殖或发生迁移；专用风机主要为防护系统提供动力源，并为待蔽空间提供足够的超压。流量测控装置主要用于对系统的风量进行测试和控制，确保防护系统的风量始终处于合理的工作状态，从而满足待蔽人员的生理需要，同时对作战车辆内部的超压进行测量，确保场馆内部的染毒空气不会向外扩散；控制中心主要用于采集来自流量测控装置所测试到的流量数据，进行综合分析处理，然后向流量测控装置发出指令，确保集体防护系统在安全状态下运行。当场馆发生恐怖袭击事件后，该系统可快速到达事发现场，根据现场情况和气象条件，快速与场馆的门（或窗）实现对接，然后开启净化系统，对场馆内的空气实施净化处理，处理后的空气直接排入大气。该系统在进行空气净化处理的同时，使场馆内的空气形成有利于进行污染控制的定向流动，并在场馆内形成一定的负压，减少污染空气向周围环境扩散。

二、开放空间污染空气压制与处置系统研究

为了对突发环境事故引起的空气污染进行有效处置，某研究院的科技人员经过多年的技术攻关，完成了开放空间污染空气研制技术与处置系统的研发工作，能够在人口密集的开放空间发生突发大气环境污染后，实现快速处置污染物、降低其对周边环境持续污染。课题组研制的开放空间污染空气压制与处置系统标准配置主要由4台同样的特种车辆组成的车组构成。每台车主要由动力牵引车、空气净化处理装置、大型空气幕发生装置等组成，也可根据现场污染程度和污染区面积增加或删减特种数量。4台特种车辆均匀分布在污染源周围后产生的大型空气幕，在一定空间内形成一个无形的包络空间，使空间内的空气与外界空气隔离，空间内部被污染源污染的空气经过净化处理后再以空气幕的形式排向大气，从而起到对污染物的压制和净化作用，减少污染物对人员和环

境的危害。该系统在可能发生的恐怖事件中，发挥遏制污染空气扩散保护环境的重要作用，完全可替代国内普遍采用的在大型化学事故处理中的水幕，做到彻底净化处置、无须后处理（处理废水），从而提高了应对突发环境空气污染事件的能力。

三、油库泄漏环境风险事故应急处置关键技术与装备研究

油料是典型的易燃易爆物质，其易着火、燃烧快的特点使得油料火灾事故破坏性极大，常常造成巨大的人员伤亡和财产损失，带来严重的环境污染。为了有效应对油库、油料泄漏引起的环境风险事故，军队科技人员大力开展油库泄漏环境风险事故应急处置关键技术与装备研究，这对于提高应对油料泄漏火灾爆炸事故等突发污染的能力具有极其重要的意义。

在油料火灾爆炸突发环境污染的航天遥感探测技术研究方面，军队科技人员完成了突发环境污染分类方法研究，进行了油料火灾爆炸大气污染初期模式及环境破坏效应研究，对敞开空间中油料（柴油）燃烧过程中污染物的产生与扩散过程、空气流场中热辐射量特征、温度场分布等进行地面现场实时监测，并分析总结其内在规律；采用无人机及卫星进行航天遥感监测，对可见光、热红外航空遥感影像进行分析研究，探索较大尺度下油料火灾污染的发展态势特点与规律，以及航空遥感在模拟油料火灾污染监测中的作用；开展了基于航天遥感技术的油料火灾爆炸污染探测方法研究，分析研究了利用航天遥感（可见光、红外、高光谱和雷达）监测模拟油料火灾污染的影像，提出可见光遥感监测油料火灾污染的识别方法；进行了基于星载红外遥感影像的油料火灾温度场信息提取研究，分析研究了模拟油料火灾区域的温度场信息；进行了基于高光谱影像的油料火灾特征污染监测方法研究，对高光谱遥感影像进行了预处理，初步提出一种基于高光谱数据的油料火灾特征污染物质监测信息提取流程。在此基础上，军队科技人员进行了油料火灾爆炸产生的大气污染损害体系分析，构建了油料火灾污染评估指标体系。

在油库泄漏火灾爆炸事故应急处置技术研究方面，军队科技人员发现了油气热爆燃“缓慢氧化”的特殊现象，并获得热爆燃“缓慢氧化”下延缓热爆燃发生的规律，油气热着火过程固体热源壁“瞬态温度跃变

过程”的现象和规律，油气热着火过程中延迟期的现象和规律，二次爆燃温度突变特征和规律；完成油气二次热爆炸实验研究，获得了油气二次热爆炸发生的条件和机理；揭示了多次爆燃发生等油气爆炸防控的关键演变与支配机理；首次建立了热爆燃与二次爆炸发生、安全防爆作业等系列临界判据和安全评估方法；提出了本质防爆安全新理念，研发了地下油料洞库主动安全防护、本质安全防爆及高效通风作业、防爆现场抢险等系列工程应用新技术，基于超高速油气爆炸信号探测、双腔动力驱动结构、超细冷气溶胶新型抑爆剂等瓶颈技术的突破，研制了智能抑爆装置，从而提高了油库应急处置及抢险、抢修能力。

在大型储油罐泄漏危险源快速预警关键技术研究方面，军队科技人员创新研制了独立多通道的声发射检测仪等检测装置和方法，建立了大型储油罐结构状态裂变预测及预警模型，针对储油罐劣化规律和受损形式，经过一系列的集成技术创新研究，集合罐基探漏排查、声发射分级排序、导波定位定量等检测方法的技术优势，实现了大型储油罐综合检测及快速预警系统集成成套技术。相关研究成果处于国际先进水平，在消除和减轻储油罐的灾变风险和危害，预防其事故发生，提高其安全运行的可靠性等方面发挥了重要的作用，取得了显著的军效益事、经济效益和社会效益。

第二节　核生化应急处置技术研究

中国人民解放军是诸军兵种组成的合成军队，具有严密的组织指挥体系、多种有效的装备技术手段和高度的组织纪律性，特别是拥有适宜于执行核生化灾害应急处置任务的部队、专业干部与工程技术人员，能够对污染事故应急提供强大的技术支持，是核生化防护应急准备与响应的重要力量。核生化灾害应急防护涉及军事化学、辐射防护与环境保护、环境科学与工程等学科，具有军民融合性强、高新技术密集等特点。军队科研机构大力开展提升我国核生化灾害防护基础理论的研究、前沿技术创新和科研成果的推广，为维护国家利益和国民安全提供重要科技支撑。课题组通过化学危险品安全管理课题研究，拟制出各种核生化突发事件应急救援预案；取得了“核与辐射恐怖事件应急去污处置技术”“便携式防化消毒机”“有毒有害气体检测箱”“生物战剂检测箱”等一批高水平科研成果，获得的数十项成果获国家和军队科技进步奖，被广泛应用于北京奥运会、上海世博会、广州亚运会、首都国庆 60 周年庆典等大型活动的安保工作，出色地完成了国际化武履约保障、侵华日军遗留化学武器泄漏伤人事件处置、日本福岛核事故辐射监测等重大任务。

一、核与辐射恐怖事件应急处置技术研究

核与辐射恐怖袭击事件是指通过威慑（恐吓）使用或实际使用能释放放射性物质的装置（包括简陋的核爆装置）或通过威慑（恐吓）袭击或实际袭击核设施（包括重大的放射源辐照设施）引起放射性物质的释放，导致显著数量人群的心理影响、社会影响或一定数量人员伤亡，给环境造成危害，从而破坏国家公务、民众生活、社会安定与经济发展等的恐怖事件。核与辐射恐怖事件发生后，放射性物质释放将给人员、设备、环境造成污染。为了满足核生化污染事件应急处置的需要，军队科研机构有针对性地提出开展核事故情形下应急去污及洗消能力建设，开展了核应急去污及洗消技术的研发和装备的研制，有力提高了军队应对突发核事故的应急处置能力。

1．核与辐射污染去除技术研究

污染去除是核与辐射恐怖事件后果管理的重要内容之一，采用有效的技术途径使得既能快速有效地控制、消除污染，又不至于造成二次污染。这就需要研究放射性污染规律及辐射与活度水平，大力开展污染去除技术。可剥离型去污膜/覆盖剂是大规模去污行动中一种理想的方法，尤其对大量的设备和建筑结构去污，优点更突出，是国内外研究的热点。

原总参某研究所在剥离型膜体压制去污技术领域开展了较多的研究，根据事故或核恐怖事件发生后放射性扩散的形态与特征，经过几年的努力与攻关，将冲刷技术、干湿沉降技术、压制技术、高分子吸附技术与放射性污染转移技术相结合，于 2001 年提出了一种具有独立知识产权的放射性后果消除新方法——剥离型膜体大面积压制去污方法。该研究所先后针对不同场地、不同时限和对象、不同用途，研究开发了一系列的水溶性压制去污剂、反应型压制去污剂等剥离型压制去污材料，并配套研制了专用喷洒车、膜体回收车，以及轻便灵活的小型喷洒机、

小型回收机，获得9项实用新型发明专利。所有研发的材料均可实现机械化大面积喷洒、剥离回收作业，一次压制作业完成后，地表面的放射性沉降物不再漂浮，放射性粒子的逃逸量不大于 2%，去污速度可达9 000 m^2/h，大大提高了放射性污染消除作业效率，其产品在一些演习中得到了应用。剥离型膜体大面积压制去污方法与传统的消除方法（如高压水冲洗、铲土法等）相比，具有以下特点：①符合国家环保政策以及城市污染环境恢复要求。②具有压制和清除放射性污染的双重作用，应用剥离型压制去污剂不仅可以压制吸附空气中的放射性气溶胶等放射性颗粒，而且可以压制固定地表面的放射性污染，最后通过膜体剥离实现最终的去污目的。这样不仅控制了放射性污染的扩散，而且在膜体剥离过程中，由于放射性粒子牢固地结合在膜体中，不受自然风和人员活动的影响，不会产生二次交叉污染，也不存在去污结束后废物的污染转移问题。③去污率高，一次清除作业完成，基本可满足环境恢复的要求。④去污速度快，可实现机械化作业，特别适合核事故、核恐怖此类突发事件造成的大面积放射性污染的消除。⑤适用的对象广，道路、建筑物墙壁、土地、树林、大型容器表面等上的放射性污染均可有效清除。⑥剥离型压制去污剂原材料来源广泛，制作工艺简单，可成产品，也可在事件发生后按配方现配现用，节省了大量的储存费用。⑦SMDW 系列剥离型压制去污剂是一种环保型材料，其危害水平在国家环保标准规定的范围内，在施工过程中不会对环境和人员造成危害。⑧废物量处于中等水平，代价利益比最低。剥离型膜体大面积压制去污方法是我国自主创新、具有独立知识产权、具有国际先进水平的放射性后果的消除技术，其技术的先进性、与国家环境保护战略的一致性以及对多种介质对象污染清除的适应性，使其在核事故应急去污和辐射恐怖事件污染清除领域有广泛的应用前景。随着应用体系建设的不断完善，以及新材料、新产品的不断涌现，该方法必然在未来处置核事故和辐射恐怖事件应急处置中发挥重要作用。

某工程物理研究院基于核设施退役需要，开展了可剥离膜放射性去污技术的应用研究，对不同污染核素、不同材质、不同物件进行了广泛的应用去污实验研究。该研究所研制了以改性聚异戊二烯作为成膜基材的可剥离型去污剂，并以此为基础研究开发了核设施退役可剥离膜复合去污工艺，在部分实际工程的去污实践中得到了成功应用，实现了对塑料地面、有机玻璃表面、水泥地面、不锈钢风管表面、铁皮风管表面、不锈钢手套箱内（外）表面的有效去污。为了进一步解决可剥离膜稳定性差、后续废物处理难度大的问题，该研究所先后开展了污染金属表面水溶性封闭技术和工程应用、干冰喷射去污技术、大范围放射性气溶胶的控制和净化技术等研究工作，取得了许多有重要价值的研究成果，为核生化污染事件的应急处置提供了重要的技术支持。

2. 核生化防护洗消技术研究

洗消技术是核生化防护技术的重要组成部分，是清洗核、生、化沾染的基本手段和方法。20 世纪 80 年代以来，高温、高压、射流技术在洗消领域得到广泛应用，洗消装备水平得到了极大的提高。为了适应核事故应急或辐射恐怖事件应急处置的需要，保证武器、装备、人员在辐射环境条件下的生存能力和战斗力，大幅提高我军专业去污应急分队的保障能力，迫切需要大力开展洗消技术研究，研制功能多、作业量大、自动化程度高、信息指挥通畅的洗消装备。某防化研究院经过多年的研究，已经开发了一批机动灵活的应急洗消专用设备，如轿车式人员洗消车、帐篷式人员洗消车等，主要用于对大量可能遭受放射性沾染的人员进行快速检查和洗消，并对灭菌、消毒后的人员进行卫生处理。车内配备有锅炉供水、多体位脉冲洗消、水控制、温度调节、通风等功能，可在短时间投入使用。

随着高新技术的发展与高科技成果在各种军事装备中的应用，装备内部精密仪器和电子设备的增多，给洗消提出了新的要求，水性洗消不能适应装备内表面洗消的要求，不能对精密仪器和电子设备进行洗消。为此，某防化研究所经过多年探索，将臭氧制造、臭氧消毒、紫外灭菌、毒剂解吸附、防化洗消和等离子等诸多技术综合集成，开展了非水洗消技术研究，研制出“非水基多功能消毒舱”等成果，其消毒效果好、成本低、功能多、不用水和“绿色”环保，是我军防化洗消技术手段的重大突破。

军用毒剂是指用于战争目的，以对人、畜的毒害作用为主要杀伤手段的化学物质，具有毒害作用大、杀伤途径多等特点。为了应对未来战争和恐怖事件中化学毒剂的威胁，研究广谱、快速、彻底且环境友好的消毒方法，开发新型、高效、环保和适用于多种环境应急处置的洗消技术成为目前军事化学和环境科学共同面对的重要课题。某研究院20世纪90年代初就已开始利用光催化技术消除化学武器的研究，开展了利用纳米TiO_2在液相条件下对军用毒剂（糜烂性毒剂、神经性毒剂模拟剂）的消毒条件、消毒机理和催化动力学规律的探索，发现光催化消毒方法确实可将这些毒物最终转变为无机物，使染毒水彻底消毒并达到饮用水标准，从而为染毒水体应急处置提供了一条简便、快捷的消毒方法。同时，该研究院还开展了染毒空气的光催化消毒技术研究，研制出高活性、耐失活的新型光催化剂，研究了气态芥子气模拟剂2-CEES、沙林模拟剂DECP、VX等毒剂及模拟剂的光催化降解过程及降解机理，推动了光催化技术在染毒空气的应急消毒中的实用化进程。

二、核生化防护应急处置装备研究

军队始终将核生化防护应急装备建设作为形成应急能力的关键措施，多年来，依据“积极兼容、突出重点、途径多样”的原则，通过采取“利用现有、国外引进、自主研发、技术改造”多种方式相结合的做法，初步形成了以现场指挥、辐射巡测、污染检查和洗消去污装备为重点，种类较为齐全的核生化应急装备体系。

1．放射性防护应急处置装备研究

20世纪90年代末，军队就着手放射性污染应急装备的建设，从引进车辆沾染监测系统和人员门式沾染监测仪开始，陆续研制了10余种专用装备，并不断进行了体系优化和升级改造，获得军队科技进步奖多项。这些装备功能各异，互为补充，大多实现了数字化和网络化，极大地加强和提升了军队核事故应急响应的能力。

为了保障事故发生后的应急指挥有效开展，军队自主研发了放射性污染事故救援指挥方舱，作为军队参加放射性应急救援现场指挥作业的工具，为指挥员进行决策和参谋作业提供场所；通过对引进的辐射监测仪器进行消化吸收和车载化改造，自主研发了辐射监测系统，用于对车辆和装备表面沾染的快速监测，在此基础上研制了辐射巡测系统，用于污染事故的应急辐射巡测，实现了辐射和定位信息的自动采集，并实时传输至指挥与决策机构；在引进的辐射监测系统的基础上进行技术改造，研制了辐射侦察系统，实现了装置的车载化和自动化，可以对γ射线、放射性碘、气溶胶粒子进行实时监测；研制了便携式人员门式沾染监测仪，能快速判断人员的辐射沾染水平，适合于应急情况下对人员表面沾染的快速检测；在完成剥离型膜体大面积压制去污方法研究的基础上，开发了一系列的剥离型压制去污材料，并配套研制了专用喷洒车、膜体回收车，以及轻便灵活的小型喷洒机、小型回收机等剥离型膜体回收系列装备，利用压制去污剂大面积压制空气、地面放射性污染，并将膜体剥离并运离现场，达到清除放射性污染的目的。

2．有毒有害气体泄漏事故应急装置研究

常见的有毒有害气体有一氧化碳、一氧化氮、硫化氢、二氧化硫、氯气、化学毒气、光气、双光气、氰化氢、芥子气、路易斯毒气、维克斯毒气（VX）和沙林（甲氟膦异丙酯）等，这些有毒有害气体泄漏事故危害极大，若不采取有效的应急处置措施，将会对人们的健康和生命带来严重的影响。因此，加强有毒有害气体泄漏事故应急处置技术研究对于避免和控制事故隐患具有重要意义。近年来，某研究院在有毒有害气体监测报警仪器开发、滤毒通风装置和滤毒通风失效报警装置研制等方面取得了创新性的研究成果。

（1）有害气体检测报警仪的研制。

有害气体泄漏后的及时报警是应急处置中非常重要的环节，这对于及时采取响应措施、降低对人体健康的危害具有重要的意义。某研究院针对目前市场上气体检测报警仪的不足，开展了“有害气体检测报警仪”的研究工作。该课题组研制了多组分有害气体对传感器交叉干扰的消除及化学过滤吸附剂配方，采用内层电路浮空、双微处理器测控及多重积分 A/D 转换技术，研制了微功耗前置放大器和备用电池系统；运用化学吸附、电化学传感器、单片机处理等技术，首次实现了多组分有害气体和环境温度、湿度参数的检测一体化；研制了化学过滤吸附剂和自动电池供电系统，延长了传感器的使用寿命。该成果在坑道内有害气体含量和温湿度的检测方面发挥了巨大的作用。1998 年，该成果获军队科技进步二等奖。

（2）一体化滤毒通风装置。

滤毒通风装置是集体防护系统中的关键装备之一。这些装置大都为分体式结构，安装在舱（车）内部，且出口风压较小，难以在密闭空间内形成 300Pa 的超压。国内目前还没有能够满足方舱需要的一体化滤毒通风装置。为此，原二炮某研究院研制了将风机、风胆及过滤器等部件组装于一体的结构紧凑、组合方式新颖的“一体化滤毒通风装置”。该课题组首次设计出扁平状微尘过滤器、同轴布置的圆筒形气溶胶及有害气体过滤器、毒气过滤器，确定了浸渍活性炭的种类和填充厚度，在装置体积小、通风量大、压力高的情况下达到了气溶胶净化效果好的目标；建立了特殊吸附材料的制备工艺，解决了喷涂过程中的技术难题，将浸渍炭、有害气体消除剂喷涂在聚丙烯弹力纤维网上，既能净化多种有毒气体，又能过滤空气中的固体微粒，与滤毒通风装置中风胆的特殊构造配合使用，可避免气流短路；研制了低噪声、能耗省、风量大、压力高的低噪声离心风机；设计了小型滤毒通风装置模拟器，建立了浸渍炭吸附苯蒸气的数学模型和对沙林防毒时间的拟合计算，确定了沙林防毒模拟试验和监测方法；设计了可数字显示风压、温度、湿度，电机速度连续可调的风压控制装置，拓宽了滤毒通风装置的使用范围。2001 年，该成果获军队科技进步二等奖。

（3）滤毒通风装置滤料失效预报警系统。

为了在我军防化装备中实现同时对氯化氰和沙林两种气体进行智能化检测和报警，填补我军现有装备中该种报警器的空白，有效地保证防护体系的安全性，原二炮某研究院开展了滤毒通风装置滤料失效预报警系统研究，首次将离子迁移谱和半导体传感器相结合的毒剂检测技术用于滤毒通风装置的效能监测，提高了滤毒通风装置使用的可靠性和防护体系内人员的安全性，建立了模式识别与绝对阈值判别相结合的报警模式，实现了毒剂的有效识别，提高了预报警系统的抗干扰能力。滤毒通风装置滤料失效预报警系统已安装于核化卫生防护监测车上进行了推广和应用，结果表明：该系统灵敏度高，响应时间短，自动化程度高，人机界面友好，安装使用方便。该系统亦可推广和应用于具有“三防”性能的车辆、炉型的集防系统中，军事效益和经济效益十分显著。2008 年，该成果获军队科技进步二等奖。

第三节　应急供水技术与装备研究

安全供水是突发性水污染事件发生后最为敏感和紧迫的问题。在突发性环境风险引起水环境污染事故后，必然造成饮用水源受到污染，从而给人们的安全与健康带来严重威胁。被污染地域的水源对抢险救灾人员的行动产生重要影响，要保障参与应急处置的人员的战斗力和生存力，就要求对污染地域的水源进行有效净化，及时提供安全的饮用水，从而保证官兵的身体健康。为此，军队应急供水领域的科技人员针对应急供水保障需求，并根据近年来多次应急供水保障积累的经验，在应急供水技术与装备研究方面，重点开展了应急供水系统关键技术攻关，开发了特殊地域净水技术研究，为研制应急净水装备奠定了技术基础；开展了全地形履带式净水装备、多功能净水装备、应急净水配水车组等应急供水装备的研制，完善了应急供水装备系列；开展了核生化污染水处理技术与装置的研制，开发了三防饮水保障方舱等，提高了核生化应急救援的能力。

一、应急供水系统关键技术与装置研究

突发水污染事故可能破坏饮用水源、毁坏供水系统，造成灾中或灾后一段时期内人们无法获得安全的饮用水。如果没有应对突发事件、解决生活饮用水安全问题的能力，将会威胁人们的生命安全和社会的稳定，因而有必要研究应急供水系统关键技术与装置，以应对突发事件引起的饮用水安全的威胁。为此，军队开展了应急供水系统关键技术攻关，建立了发生突发事件情况下的应急供水安全保障装备体系，研究了应急供水条件下的取水技术，膜水净化和消毒的技术，以及应急输水、运水与分发水的技术，开发了应对不同饮用水危机事件的应急供水系统的技术与模块组合式方式。

1. 应急供水安全保障装备体系研究

军队以野营净水车为基础，研究了适应多变水源的高效、低成本水处理技术与装置；研究了能适应不同应急需求的取水、净化、贮存和分发等多种组合的应急供水系统；研究了适应乡镇运输条件、轻便灵活的

结构形式；建立了应急供水装备应对危机事件的实施程序和措施等。

2．应急供水条件下的取水技术与装置研究

军队研究开发了适应干旱时水源少、取水困难，洪灾时水流急、漂浮物多等不同环境的取水装置。该取水装置主要由带预过滤的潜水泵、高效复合旋流分离器、取水管、电缆和移动式撬装外体等部件组成。该取水装置既轻便，又防堵塞，同时实现初步分离，易于取到水质相对较好的水源水。

3．膜水净化和消毒的技术与装置研究

军队开展了以膜水处理为核心的水处理工艺技术研究，以适应不同地区、不同污染的多变水源，优化膜水处理工艺的组合运行参数及方式；探索膜产水量变化与清洗频率、清洗强度等参数之间的相互关系，实现水处理膜的在线自清洗功能；研究多组膜连续制水控制技术及故障自诊断技术，简化操作，实现系统自动稳定运行。膜水净化和消毒系统与装置主要由多组膜、组合式除臭除味系统、加压泵、流量计、压力表、电磁阀管路系统及自动控制系统等组成。

4．应急输水、运水与分发水技术与装置研究

针对不同应急保障对象，如城、镇和自然村的集中供水保障方式、分散小组供水保障方式、零散户供水保障方式等，采用不同的应急供水保障技术，制定不同的应急供水保障方案，研制相应的应急输水、运水与分发水装置。该部分主要由运送水罐、输水软管、储运水囊、饮用水袋装机和分发水管阀系统等组成。

5．应急供水系统的研究

军队通过研究高效预处理技术、UF 膜污染控制技术等关键技术，以及以水质净化与饮水分装系统为特征的多种集成技术，提出了包括取水设备、净化水设备、贮水配水设备、反渗透与分装设备 4 个模块和发电与控制系统的应急供水系统构成，研制出了具备发电、取水、制水、贮水、分装等多种功能的应急供水系统，获得实用新型专利 3 项。该系统主要用于旱灾、洪灾、地震等自然灾害以及突发水质污染事件时的饮用水保障，也可用于地质勘察等野外作业时的饮用水保障。

应急供水系统被用于重庆市 2009 年应急演练活动、武隆滑坡灾害救灾时的应急供水保障以及 2010 年抗旱救灾活动。应急供水系统设备

布置紧凑、机动灵活、产水稳定、卫生安全，能满足应急供水需要，对促进应急保障体系的建设具有重要意义和实用价值。2010 年，“应急供水系统关键技术与装备”获重庆市科技进步二等奖。

二、特殊地域及环境下应急生活供水系列装备开发

为了应对雪地、沼泽、高寒地区以及海岛等特殊地域及环境下的应急供水需求，军队大力开展供水装备的研制，通过自主创新、引进消化吸收再创新及集成创新，采取“产、学、研”联合攻关模式，解决了制约装备研制的技术瓶颈，形成了具有自主知识产权的系列装备，整体达到国外同类装备先进水平，已批量生产或推广应用，产生了重大的军事效益、经济效益及社会效益。

1．野营多功能净水车

野营多功能净水车能将江河、湖泊等地表水净化为生活饮用水，超净化为直饮水，将苦咸水、海水淡化为饮用水，用于部队野营供水的保障，提高部队的生存能力和战斗力；也可用于地方抢险救灾，是实施应急供水的重要装备。该车已装备部队，并多次参加重大非战争军事行动，还为我国赴利比里亚、海地维和部队提供供水保障，使用效果良好。

“野营多功能净水车”课题组首次研究设计了新型的水处理系统，集水净化、超净化和海水淡化等多项功能于一体，研究出全膜水处理新工艺，简化了水处理流程，增强了适应性，使我军供水装备的技术水平上了一个新台阶；研制了波纹管反应器、三维斜螺旋沉淀器、纤维过滤器、循环旋流分离器，提高了水处理效率，获得了 6 项国家专利；首次将可视操作监控系统应用于净水车，实现了工艺过程的智能化控制；研制了自适应配电控制系统，提高了安全保护能力；采用模块化设计、框架式结构，配制灵活，可按需要构成多种车型。

野营多功能净水车是结合我国国情、军情，经过创新，研制成功的高技术供水装备；整体技术在国内同类装备中具有独创性，处于领先地位；综合性能达到国际同类装备的先进水平。该车与国外同类装备相比，有良好的价格优势，运行费用低，适用范围广。该成果于 2003 年获得军队科学技术进步一等奖，2004 年获国家科技进步二等奖。

2．便携式净水器

便携式净水器主要用于部队班、排、连等小分队在野外作训无电源条件下常规地面水源的饮用水净化，解决部队野外训练、演习和作战时的饮用水净化难题，使部队随时就地获得合格的饮用水，提高部队的生存能力和战斗力。便携式净水器亦可用于地质勘探、测量、施工、抗洪救灾和抢险等突发事件发生时，野外作业人员的饮用水净化等。

“便携式净水器”课题组研制了新型净水材料——烧结硅藻土滤芯，使浑浊水一次澄清并可反复使用；研制了新型除菌材料——载银烧结硅藻土滤芯，集除浊与杀菌为一体；研制了新型结构的微型手压泵，质量轻，运行可靠，实现了无电源条件下的运行操作；净化效率高，不需投加任何化学药剂即可将浑浊水一次净化成合格的饮用水；适用范围广，根据不同的水源水质和出水要求，可灵活地组合成不同的净水工艺流程；制水成本低，使用方便，机动性强。

便携式净水器已列装定型，多次在军事演习、国际维和、抗震救灾等行动中应用，发挥了积极作用，取得了显著的军事效益和社会效益，并获得两项国家专利。2003 年，该成果获军队科技进步二等奖。

3．野营饮用水分装挂车

野营饮用水分装挂车能伴随部队机动，进行野外供水保障。该车的主要功能是在驻车状态下构成野营袋装水生产系统，将符合标准的生活饮用水分装成可随身携带的袋装水，以快速、方便地分发给部队。该车除了用于野战或演习时的后勤供水保障外，也可对野外作业进行供水保障，还可用于抢险救灾中的应急供水保障。

“野营饮用水分装挂车”课题组研制的单机多膜饮用水分装机，可使用不同类型、不同材料的包装膜进行饮用水的分装，提高了该车进行袋装水分装的适应性；建立的袋装饮用水多重消毒体系保证了袋装饮用水的卫生安全；研制的抽屉式膜卷贮存柜密闭可靠，存取方便，保证了挂车行进中的膜卷稳定；采用的可编程控制器和液晶汉字显示技术提高了该车生产过程中的自动化程度，简化了系统的操作，增强了系统的可维护性。

野营饮用水分装挂车主要由取水单元、水贮存单元、多重消毒单元、制袋分装单元、膜贮存单元和自动控制单元等构成。每袋水的容量为

250～500 mL，包装速度最大可达到 1 800 袋/h，袋装水保质期不低于 7 天。该装备生产的袋装水成本低，具有显著的经济效益；同时实现了饮用水无损耗、无污染的快捷保障，将有效地增强饮用水保障的可靠度，提高部队野营供水保障水平，增强部队的生存能力和战斗力，具有重大的军事效益。同时，该装备可满足各种野外条件下的饮用水供应，有良好的推广应用前景和显著的社会效益。2005 年，该成果获军队科技进步二等奖。

4．轻便型应急供水净水车组

轻便型应急供水净水车组可将江河湖泊水、海水、苦咸水以及核生化污染水处理成饮用水，用于野战部队集结时的供水保障，也可用于抗洪抢险、人道救助、国际维和行动以及其他野外作业时的供水保障。

轻便型应急供水净水车组由取水单元、净化单元、高低压 RO 单元、NBC 过滤器、消毒单元、加药系统、水质安全检测系统、贮水配水系统、控制系统、信息化模块和发电单元等组成。该装备水源适应性强，既能净化江河湖泊水，又能淡化海水和苦咸水，还能将核生化污染水净化成生活饮用水；构建了多级水质安全保障体系，不仅能去除和杀灭水中的致病微生物，还能去除有毒有害的各种溶解杂质。同时，该装备能实时监测出水源水质的毒理学指标，确保水质安全，具有水质自适应与故障自诊断功能：根据不同水源水质自动选择运行工艺，并自动优化运行参数；能够自动诊断运行过程中发生的故障并给出提示或报警信息，实现了初步信息化，能够对保障数据等信息进行处理与传输。整体自装卸净水站能够为参战部队提供有效的供水保障，提高官兵的野外生存能力和战斗力。2008 年，该成果获军队科技进步二等奖。

5．全地形履带式净水车

全地形履带式净水车可将江河湖泊水、海水和苦咸水净化成生活饮用水，卸下净水模块、发电机组后可作为运水车使用，由底盘、净水模块、发电机组、随车起重机、取水单元、贮水配水系统和软体运水囊等组成。底盘采用两厢铰接履带结构，前车、后车具有独立的履带式行走系统。用于应急供水保障时，该车 1 天的产水量可满足 2 000 人左右的生活饮用水需要。

全地形履带式净水车突破了复杂地域对机动式净水装备的限制，能穿越雪地、沼泽、河流等，具有良好的越野机动性，能伴随救灾人员实施全地域供水保障；完成了单装供水配套保障研究，实现了产品水自运送功能；卸下功能模块后，可作为运水车使用，提高了单装保障效率。课题组研究了多种膜多组膜协同工作技术、流量智能控制技术，开发出新型高效的净水工艺流程，实现了工艺过程各个环节流量的自动匹配，降低能耗约 1/3，体积和重量减小 20%以上；设计的五自由方向铰接转向装置，攻克了全地形净水车运载不同载荷、行驶各类路面和水中浮渡时载荷平衡与行驶稳定性的技术难关；设计的新型随车起重机，融合了电液比例控制、力矩限制报警和多方位线控等吊装技术，满足了复杂地域设备安全装卸的要求；设计的分布式智能总线控制系统，解决了执行节点多、控制结构复杂的技术难题，提高了系统的可靠性和可维护性。这对于复杂地区环境污染事件后的应急供水保障具有重要的意义。

6．饮用水膜分离处理技术与装置

膜分离技术是物质分离技术中的一个单元操作。膜分离技术的最大特点是不需要大量热能，因而有节能、可连续操作、便于自动化等优点。膜分离中的微滤（MF）、超滤（UF）不能脱除各种低分子物质，故单独使用时，出水质量仍较差。反渗透膜（RO）有较强的去除率，但在去除有害物质的同时也去除了水中大量有益的无机离子，出水呈酸性，不符合人体需要。而纳滤膜（NF）分离技术在能有效去除水中有害物质的同时，还能保留大多数人体必需的无机离子，且出水 pH 变化不大。这种水处理方法对于我国目前的饮食结构而言，尤其是营养结构单一的人员来说，更易被接受，也更加合理。纳滤膜在我国起步较晚，与发达国家之间存在很大差距，为进一步开发和研究纳滤膜，原二炮某研究院系统开展了纳滤膜对饮用水深度处理的技术研究，结合科学实验研究成果分析了纳滤膜无机污染、有机污染和微生物污染三种主要污染的机理，综合考虑膜的特性、有机物的特性、运行条件与进水水质条件，建立了“临界膜污染点”的概念，首次提出了动态有机污染模型理论，并就纳滤膜污染的防治提供了一些有效可行的技术处理方案，为纳滤膜的推广和应用提供参考；采用水质常规分析与有机物色谱-质谱联机分析、Ames 试验相结合的方法，全面分析与评价了二炮各基地的典型水源、二炮阵地饮用水的水质情况；提供了对受致癌、致畸、致突变物质污染的饮用水进行治理的准确、可靠的依据，为二炮指战员提供安全的饮水：比较了反渗透及两种型号的纳滤膜的性能及出水水质；首次利用天然水源采用纳滤膜技术制取优质饮水，针对不同的水源水质，设计了对苦咸水、地下水和地表水的不同水质特征的预处理流程，使预处理水质能够达到水质要求；首次研制了纳滤膜饮水净化装置，具备运行管理方便、能耗低、出水水质好的优点。该项目研制的净水装置造价较进口同类设备节省 50%，运行费用节省 41%，具有很好的军事效益、经济效益和社会效益。1999 年，该课题研究成果获军队科技进步二等奖。

7. 偏远营区小型地下水净化处理系统

我军许多单位由于战备考虑，营区比较偏远，多数位于远离城市的地方，市政生活配套设施比较缺乏，只能依靠部队自身进行保障。不少单位长期以地下水或地表水作为生活饮用水水源，修建水塔作为加压供水设施。这些地下水或地表水往往没有经过必要的净化，水质比较差，长期饮用对官兵身体有害；修建水塔供水，投资比较大，出现故障难以修理，对用水影响较大。为了改善官兵的生活质量，提高饮用水的水质标准，某部在已完成的科研项目“高原缺水地区淋浴车污水净化循环系统”的基础上，以该系统作为主要净化设备，将净化设备与无塔供水系统相结合，建立了一套小型地下水净化处理供水系统，采取并联方式接入食堂、茶水炉供水管路，将食堂的供水由单一的地下水供应改造为净化水供应和地下水供应双重供水方式，达到水质净化的目的，并且避免了修建水塔，节约了经费。

该净化处理供水系统经过阻垢工艺、石英砂和活性炭预先将地下水中的金属离子等进行处理，防止其在后续处理部件上结垢，然后通过各种过滤设备将固体微粒、杂质、离子混合物滤除，为下一步处理做好了基础；利用反渗透技术作为污水处理的主要工艺，目的是净化有害的无机物离子和有害的有机物；该系统使用紫外线作为杀菌的技术手段，可以有效去除水中的大肠杆菌等细菌，提高系统的水质质量；使用无塔供水系统作为加压供水的主要技术手段，不需建造水塔，投资小，占地少，采用水气自动调节、自动运转，并能与自来水并网，停电后仍可供水，采用无搭供水设备比建造水塔节约投资 70%，比建造高位水箱节约投资

60%，具有很大的优势；采用多个传感器，利用 PLC 进行集中控制，做到自动运行，避免了人员值守。该系统投入使用后，极大地改善了饮用水的水质，保护了官兵的身体健康，提高了部队的战斗力。

三、应急供水保障中饮用水消毒技术研究

消毒过程是应急供水保障中饮用水处理工艺的重要环节。为了实现应急供水保障中的饮水安全，保证官兵的身体健康，军队相关科技人员在饮用水消毒技术方面也取得了一些有价值的研究成果。

1．高纯度二氧化氯发生器的研制与应用技术研究

应急供水保障时某些情况下需开采地下水作为应急供水水源，而地下水中的铁、锰及细菌往往超标（生活饮用水卫生标准），从而损害人体健康。因此，为了保证广大官兵的身体健康，提高部队的战斗力，20 世纪 90 年代初，某军区环境科研所提出了用高纯度二氧化氯这一高效安全的氧化剂、消毒剂处理含铁、锰及细菌的饮用水的科研课题，开展了高纯度二氧化氯发生器的研制与应用技术研究工作。课题组针对传统消毒剂如液氯、次氯酸钠、氯胺等制剂对水体产生二次污染和致癌物质，以及其应用单一性，臭氧投资昂贵，应用推广困难，而从国外引进生产的二氧化氯发生器产品的纯度不高等问题，提出了开发研究利用催化法生产高纯度二氧化氯发生器的新技术、新工艺。该技术采用催化法，直接催化分解工艺氯酸钠，不仅反应速率快、产量高，而且其纯度大于 95%，安全可靠、造价较低，属国内首创，处于当时国内同类发生器的领先水平。该发生器的反应罐采取有效、可靠的方法，在停机时反应液能及时自动脱离催化剂，从而终止反应，保证仪器运行安全可靠，使用方便，具有创新性。该技术用于杀菌、消毒、漂白，去除铁、锰等水处理方面，具有广泛的应用价值，有较好的社会效益、环境效益和经济效益。1995 年，该课题研究成果获军队科技进步三等奖，研制的高纯度二氧化氯发生器获国家实用新型专利，并在第八届全国发明展览会上荣获银奖。

2．高压脉冲等离子体水处理装置的研制

高压脉冲等离子体技术是一种重要的水处理技术，某军队院校针对脉冲放电等离子体法水处理装置研制的关键环节及主要应解决的问题

进行了技术攻关，研制了脉冲电源和放电电极，优化了水处理工艺和水处理方式，开发了反应器和其他辅助设备，研制了一种新型水净化处理装置——高压脉冲等离子体水处理装置，以取代氯气消毒工艺。

高压脉冲等离子体水处理装置主要由预处理系统、气液相放电脉冲水处理系统和辅助处理系统组成。预处理系统主要由过滤网组成，采用物理方法除去污泥和大颗粒的杂物，为下一步的放电脉冲产生等离子体处理创造条件。气液相放电脉冲水处理系统主要包括冲击电磁激励器、射流喷雾器、冷却塔、等离子体发生器、箱式反应器等，此过程是废水处理的关键环节，在这个过程中发生一系列复杂的化学过程，将水中的有毒物质、难降解有机物质和细菌等进行高效处理。辅助处理系统包括控制台、脉冲电源系统、过滤器、管路设施、净水存储箱、排水泵和流量计等。其工艺流程是：原水经过预处理除去淤泥和大颗粒杂物后，经射流喷雾器转变成水雾，水雾中容易氧化的杂质在充气室中被空气氧化；再通过水雾-空气介质中的臭氧发生器产生的臭氧、活性物质和紫外光对水进行同步处理；最后将已经处理过的水通过砂滤器进行过滤，过滤之后就可以得到洁净的饮用水。

该装置综合了高能电子束辐射氧化法、臭氧氧化法、紫外光照射法和活性自由基物质的处理效果，处理过程中，无造成环境二次污染的物质生成，是一种生态清洁工艺。该装置可对废水进行杀菌消毒、除味除藻、分解有机物，去除水中超标重金属，使出水达到生活饮用水卫生标准，并且不会改变饮用水中盐的成分。

四、核生化污染水处理技术与装置研究

核生化污染环境的情况非常复杂，在不同条件下保障作战人员的饮用水，是保持部队战斗力的必要条件。在战争或遭遇核化生恐怖袭击时，饮用水水源存在被放射性、生物战剂、化学毒剂等污染的情况，为保障部队在进行应急处置时的饮用水供给，需要研制处理效果好、适用范围广、易操作、可独立作业、具有核化生防护能力、可随部队迅速行进的轻型饮用水处理装置，以提高我军的野外生存能力，适应核生化应急救援的需要。

1．受到放射性核素污染的饮用水源应急处理技术研究

饮用水水源的污染是我国各类水污染事故发生的一个重要环节，也是造成饮用水事故的主要原因。随着我国国民经济的不断发展，国内各种工业设施分布日益广泛，放射源的使用遍布全国大部分地域。我国大部分水源地都处于敞开式或半敞开式的状况，这些放射源一旦受到自然（如地震等）或人为因素（如恐怖袭击、战争等）的影响，使饮用水源受到污染，将会给人们的安全与健康带来严重威胁。目前，对于受放射性核素污染的水体应急处理，主要集中在对放射性废水的处理研究，其处理技术着重于按照废水排放标准，使放射性水体达到国家规定的排放指标后进入环境。而对于核素污染导致的饮用水的应急保障处理技术的研究则较少，其原因主要是放射性废水处理技术不适合饮用水水源地的处理，例如化学沉淀法会产生大量高放（指含有较强放射性）的污泥，引起二次污染；离子交换法对进水水质要求较高，适用范围受到限制；蒸发浓缩法对工艺要求较高，装置少量渗漏即可导致出水被污染。因此，有必要探索新的工艺，寻找适合饮用水源的放射性核素的应急处理实用技术和装备。

原二炮某研究院完成的“受到放射性核素污染的饮用水水源应急处理技术研究”项目采用模拟核爆后的放射性污染废水作为处理净化的对象，应用膜分离组合工艺技术对其进行净化实验，研究了不同核素的去污系数和出水水质，建立了受到放射性核素污染的饮用水水源应急处理装置。应急处理装置由预处理系统、料液罐、超滤系统、纳滤系统、离子交换系统组成，对于模拟核爆废水中的放射性核素的去除效果较好，对放射性物质的去除率可达 99.93%，在国家规定的应急饮用水卫生要求的前提下，可适用于对放射性活度为 8.4×10 Bq/L 的污染水体进行应急处理。在对污水净化的过程中，该装置不会引起剂量积累，出水安全可靠性高，出水水质满足国家规定的有关标准，可以弥补一般放射性污染水体处理技术的不足，经过应急处理后，受到放射性核素污染的水体有可能成为安全饮用水源。该项研究已获国家实用新型专利 1 项。

2．核生化水源饮用水处理装置的研制

核生化水源饮用水处理装置应力求轻型化、机动性强，并对核、生、化战剂污染的水源、苦咸水和普通江、河、湖水进行净化处理，达到饮

用水的卫生标准，以满足军队平时和战时各种条件下的饮用水需求。某研究院组织技术人员开展了对核、生、化战剂污染的水源饮用水处理装置的研制，系统研究了处理工艺流程和技术参数，研制了由车载核化生防护系统、核生化污染水处理系统和电源系统组成的核生化水源饮用水处理装置。其中，车载核化生防护系统为车辆提供有效的集体防护，使之能够在核化生沾染区执行任务；核生化污染水处理系统用于对各种污染水源进行净化处理，以满足军队的饮用水需求；电源系统为车辆提供动力，保证车载核化生防护系统、核生化污染水处理系统等的正常运行。该系统配备核化生防护系统，能适应在核化生条件下的作战需要；能够对核、生、化战剂污染的水源、苦咸水和普通江、河、湖水等各种水源进行净化处理，并达到饮用水的卫生标准；自行供电，独立作战能力强；易操作，机动性好，可以随部队迅速行进，并在紧急时刻实施空投。

3．三防饮水保障方舱的研制

某研究院针对二炮部队战时供水模式和水源特点，通过对自研单体设备的小型化设计和方舱整体布局的优化设计等技术手段，研发了三防饮水保障方舱，实现了装备一体化，有效地减少了装备的体积和重量，最大限度地满足了二炮部队现有水源场地条件、交通运载条件对装备野战机动性的要求，提高了装备的野战机动性能和综合保障能力。该课题组针对二炮阵地战时水源可达到的极限污染程度，探索了该装备对核、生、化污染水的净化规律，修正了运行参数，确定了安全工作周期，修订了操作规程，确保了装备产水的可靠性和安全性；研制了集涡流、格栅竖管、流化反应工艺于一体的高效圆形反应器，提高了混凝效果和初级除浊能力，有效地扩大了进水浊度范围，基本上解决了低温、低浊条件下水处理的难题；自行研制的高效圆形沉淀器突破了传统的结构形式，有效地提高了水处理效率，成功地解决了以长方形为主流的高效沉淀工艺在圆形构筑上的应用难题，满足了野战条件的要求。该装备对部队在战时的生存和战斗力的发挥有着重大的军事意义。2001 年，该成果获军队科技进步二等奖。

第八章　军事环境保护科学研究展望

经过多年来的建设与发展，军事环境科学研究领域的技术实力不断增强，队伍建设初具规模，实践经验日益丰富，在军事环保理论研究和技术开发方面取得了丰硕的成果，为军事环境决策、污染防治和环境管理提供了有效的技术支持、监督和服务。

党的十八大报告中提出了大力加强生态文明建设，表明了党执政兴国理念的新发展，我国经济、社会可持续发展的理论与实践进入了新的历史阶段。这一转变给军队生态环境建设带来机遇的同时，也给军队生态环境建设带来了不曾有过的挑战。生态文明战略的确立使军队生态环境建设的任务更加艰巨，建设的标准和要求更高，这也对军事环境保护科学研究提出了更高的要求。

一、军事环境保护建设规划的发展趋势

军事环境保护作为国家环境保护战略工程的重要组成部分，越来越受到军委和总部的重视。保护和改善生态环境，维护国家生态安全，是推进中国特色军事变革的需要，也是军队义不容辞的责任。可以预测未来 10～20 年，国家建立资源节约型和环境友好型社会的根本方针不会变化，重要国防设施、武器装备试验和重大军事活动的环境影响评估将进一步规范化、标准化、法治化；周边国家和地区大规模杀伤性武器或类似效应活动的环境影响评估将会进一步受到重视；生态营区建设将继续成为我军统筹各项环保工作，整体提升军事环境建设质量的重点；未来国家将会进一步整合军队现有的军事环境管理机构，加大投资力度，加快环境监测网络建设；军事环境影响评估与治理将会成为军事环保技术发展的重要领域。上述判断主要基于如下考虑。

一是国家经济发展战略由粗放型向集约型转变的必然要求。经济增长不能以浪费资源、破坏环境和牺牲子孙后代利益为代价。在发展过程中不仅要尊重经济规律，还要尊重自然规律，充分考虑资源、环境的承载能力。必须把建设资源节约型、环境友好型社会放在工业化、现代化发展战略的突出位置。减少军事活动对环境的影响和破坏，有效治理军事废水、废气、固体废物、噪声、辐射等污染，实现军事污染的无害化、减量化和资源化，规范重要国防设施建设的环境影响评估，优化完善环境监测网络体系，实现军事环境绿色和谐发展，是当前和今后一段时期国家发展战略的迫切需要。

二是新世纪新阶段军队使命任务变化的必然要求。伴随着周边国家和地区核、化、生武器技术的扩散，核、化、生恐怖现实威胁的加剧，突发重大化学事故和自然灾害衍生核、化、生危害的频发，以及核工业安全发展需求的增加，军队对外发展环境危害的评估与治理技术成为重要任务；对内而言，军事活动及武器装备的研制、试验、生产、运输、储存、销毁也都可能破坏环境。此外，部队官兵的集体生活也会产生大量的废弃物和污水。从“谁污染谁治理”的原则出发，军事环境的治理是军队的责任和义务。而且由于军事环保任务具有突发性、复杂性、高危性、持续性、机密性等特点，因而也只能依靠军队来完成。如何协调环境保护和战争、军事活动之间的关系，将环保意识和责任纳入军事活动，实现军队的绿色建设，已成为新世纪新阶段我军义不容辞的使命和任务。

三是应对外军军事环境评估与治理战略变化的必然要求。众所周知，原子弹、导弹的实验，核反应堆的使用及其事故，还有电磁辐射等都会对环境产生严重的影响。面对严重的由战争和军事活动引发的环境和生态破坏，国际社会已经采取积极措施加以控制和治理。首先，是将环境保护列入战争法，国际社会已经制定了《禁止化学武器公约》等一系列有益于军事环境保护的条约，今后还可能进一步将各种军事环保问题逐一列入国际公约和各国法律。其次，各国军队将逐步承担起军事环保的责任。最后，一些发达国家也开始借助军事环境影响与治理问题，欺骗国际社会，或借此遏制发展中国家发展军事技术。

二、军事环境保护科学研究发展方向

积极参与和进行军事环境科学研究是新时期赋予军队环保科技工作者的新的历史使命。当前和今后一段时期，军事环境保护科学研究工作的基本思路是：以科学发展观为指导，从战略高度强化军队环境科学研究工作的重要地位和作用，提高环境保护工作的科学决策水平，组织协调军队各科研、设计、院校和环境监测等单位的科研力量，大力开展环境科学基础理论及其应用技术的研究，研究实用型的军事环保装备并应用到部队，加大科研骨干培养力度，加强科研成果的推广、应用和军内外环境科学技术的协作、交流，建立内联外合、面向全军，可承担环境监测、环境影响监测、环境污染治理、环境工程建设等任务的综合技术体系，为开创军队环境保护和生态建设工作新局面发挥重要作用。

1．加强外军环境保护跟踪研究

跟踪美军及其他国家军队的环境保护政策法规、技术导则，外军环保管理体制机制，外军的环境保护战略规划，科研单位开展的科研课题，外军新型武器装备试验中相关环保问题研究等，为制定军事环境保护政策法规、技术导则、军事环境保护规划等提供参考。

2．加强军事环境标准体系研究

建立健全军队环境监测法律法规及标准，是军队环境监测工作规范化及标准化的基础，从而使得军队环境监测的各个方面、各个环节都有法可依，有章可循，主要包括：各种军事工程环境质量标准，如国防工程内部环境质量标准、人防工程内部环境质量标准、船舶舰艇内部密闭空间空气质量标准等；各种军事特种污染源采样技术标准、样品保存、预处理技术标准；各种特种污染物的分析、处理技术标准；武器装备原材料环保标准，核生化装备污染物排放标准，导弹发射、电磁、雷达装备环保标准，军械、装甲、舰船装备等环境保护标准研究。

3．加强军事环境安全理论研究

从部队战斗力和国家安全角度建立军事环境安全管理理论体系，构建军事环境安全指标体系、评估系统与预警系统，重点开展军事环境污染事故应急预警技术和环境应急管理体系研究，提出应对危害官兵健康的突发环境事件的快速评估方法和缓减措施，为维护生态安全、保障官兵健康提供科技支撑，为科学构建突发性环境事故应急管理的技术、组织、资源、联动与监督体系提供了先进的方法和决策支持。

4．加强应急监测和评估技术研究

军队在从事战备训练、军事科研、装备生产、武器装备维护及报废武器弹药处置等活动中，不可避免会产生一定数量、对环境有严重污染的有毒有害物质。这些物质在产生、储存、运输和处置的过程中一旦发生安全事故，则会对部队营区和周边环境造成严重污染。因此，要大力开展军事环境应急监测技术和管理决策方法研究，对突发性环境污染事故发生后军事活动区域中污染物的种类、数量、危害及影响范围做出快速判断，运用现代科学决策分析方法和辅助决策系统评估军事活动造成的污染危害和生态破坏程度、污染变化趋势、社会影响和经济损失，对于指挥部门制定科学合理的应急保障和战后重建方案至关重要。因此，应以满足军事环境保护和环境安全的需要为目标，重点开展环境特征污染物现场快速检测方法和关键技术研究，建立特征污染物现场快速检测系统，研发现场快速检测方法和技术系统，研制应急快速监测仪器和装备。

5．大力开展核与辐射污染防治技术研究

军事核设施与核装备作为战略威慑力量，在保卫国家主权、维护世界和平等方面发挥着重要的作用，一直受到国家的高度重视。军事核设施与核装备将长期存在并不断加强，但随之产生的放射性污染、核与辐射环境安全问题也愈加严重。核与辐射污染已成为一个危害官兵身心健康、影响军民关系、制约驻地经济发展、影响社会稳定的不容忽视的因素，军队核与辐射污染防治已是军队建设中一项非常重要、非常迫切的任务。

核与辐射污染防治具有技术与管理紧密结合、涉密程度高、污染治理难度大等特点，应重点围绕军事放射性污染与电磁污染，开展核与辐射污染防治理论与技术研究。一是核与辐射环境安全监管，主要研究军事核与辐射环境安全政策、法规、有关技术导则和标准、管理信息系统、决策支持系统的应用与开发，探讨军事核设施（装备）环境监督管理模式，建立突发性核与辐射污染事故预警方法。二是核与辐射环境安全勤务，主要研究军事核与辐射环境安全保障体制与机制，核与辐射环境安全突发事件应急救援组织与指挥。三是核与辐射污染防治技术与装备，主要研究军事核与辐射污染防治新技术、新装备，以及放射性污染环境控制关键技术和恢复技术。

6. 加强环境污染应急处理技术研究

在现代战争中，敌我双方将打击对方的后勤保障设施和资源作为削弱对方后勤保障能力和战斗力的重要战术；同时，也会因后勤保障设施的毁坏，导致油料和有毒有害化学品的泄漏，或因保障资源的破坏，引起突发性环境污染，威胁受损方的饮用水安全和生存条件，从而进一步削弱受损方的战斗力。与非战时突发性环境污染应急处理相比，战时突发性环境污染应急处理的实施过程是在敌方火力覆盖下执行的，因此战时突发性环境污染应急处理过程对处理技术的快速性和高效性提出了更高的要求，并且要求应急处理的装备只有具有优越的轻便性、灵活性、机动性，才能保障我方相关人员更好地完成战时突发性环境污染应急处理的任务。

环境污染应急处理技术研究应立足于军事活动引发的突发性环境污染，着重研究水环境和土壤环境中高浓度污染物的源头处理技术与装备，以及为部队提供安全饮用水的末端处理技术与装备，为保障部队完成复杂战场环境下的军事任务提供高效的技术和先进的装备。一是军事环境污染应急处理技术研究。研究和开发高效的混凝沉淀技术、氧化处理技术、吸附技术、吸油技术、化学淋洗技术、固化技术、膜清洗技术及其组合工艺，构建应对不同污染物、不同污染介质的环境污染应急处理技术体系。二是军事环境污染应急处理装备研究。研发移动式废水应急处理系统、移动式固体废物凝固化及稳定化装置、移动式固体废物焚烧处理系统、移动式污染土壤快速处理系统，为开展军事环境污染应急处理提供机动性强的集成装备。

7. 加强非战争条件环境保护相关技术研究

根据军委关于军队完成多样化任务的要求，研究应对突发性环境事件、反恐怖活动、次生核化生危害、自然灾害等环境保护技术是军事环境保护科学研究的职责。一是建立突发性事件中可能出现的污染物数据库，包括核和辐射事件主要放射性核素衰变资料库的研究；有毒有害化学危险品数据库，研究突发性事件可能出现的污染物分析检测方法，包括研究针对突发性事件、恐怖活动、自然灾害公共场所、大气、水体、道路、建筑物等的污染监测方法与手段；二是研究快速、便携的车载环境监测分析、评估装备；三是制定突发性环境事件、反恐怖活动、自然灾害的环境保护标准体系。

8. 大力开展军事环境材料与技术研究

军委下发的《军队环境保护和生态建设“十二五”规划》已将加快生态营区建设步伐与建设现代营房作为军队环境保护和生态建设的重点内容。一方面，生态营区、现代营房和“百年营房”的建设需要采用绿色建材和环境功能材料，达到节能减耗、提高部队官兵的居住质量和生存环境的目的。另一方面，军队环境保护和生态建设迫切需要开发和采用军事特种污染物处理材料，为突发性环境应急处理、核与辐射环境安全监管和污染防治等军事环境保护工作提供新型环保材料。

大力开展军事环境材料与技术研究是军队环境保护和生态建设的需要，是新时期、新形势下全面建设现代后勤和军队现代化建设的要求。一是针对军事工程伪装和营区建筑节能，开展相变材料的改性，相变材料的微胶囊化和工业化生产，相变蓄热保温砂浆、相变蓄热保温涂料、相变蓄热材料的技术和应用研究；二是开发军事危险废弃物快速固化材料；三是开展防核辐射材料、电磁屏蔽材料、光催化环境净化材料、环保型涂料、耐海水漆、超级防腐蚀涂层的制备等方面的研究，为生态营区建设、营区污染综合治理、军事特种污染物防护提供材料支撑。